梵净致用文库

人工智能技术及其在茶叶病虫害防治中的应用研究

Research on Techniques of Artificial Intelligence and Application in Pest Control of Tea

田 波 著

中国农业出版社
北 京

图书在版编目（CIP）数据

人工智能技术及其在茶叶病虫害防治中的应用研究 / 田波著. —北京：中国农业出版社，2023. 11
ISBN 978-7-109-31219-7

Ⅰ. ①人… Ⅱ. ①田… Ⅲ. ①人工智能—应用—茶树—病虫害防治—研究 Ⅳ. ①S435. 711-39

中国国家版本馆 CIP 数据核字（2023）第 196263 号

中国农业出版社出版
地址：北京市朝阳区麦子店街 18 号楼
邮编：100125
责任编辑：王秀田
责任校对：吴丽婷
印刷：北京通州皇家印刷厂
版次：2023 年 11 月第 1 版
印次：2023 年 11 月北京第 1 次印刷
发行：新华书店北京发行所
开本：700mm×1000mm 1/16
印张：12 插页：2
字数：215 千字
定价：78. 00 元

本著作为国家自然科学基金（61741214）、贵州省科技厅基础研究项目（黔科合基础〔2020〕1Y260）、贵州省高校哲学社会科学实验室“黔东农业（村）发展与生态治理实验室”（黔教哲〔2023〕07号）、铜仁市科技局项目（项目编号：铜市科研〔2015〕16－1号）、铜仁学院乡村振兴研究成果。

前言

近几年来随着机器学习、人工智能技术的发展，采用人工智能技术实现作物病虫害监测及识别，推动传统农业向智慧农业转型，已成为现代农业发展的一个重要趋势。在保护和改善生态环境的前提下，使用农业物联网、人工智能技术对土壤、气候、病虫害等数据进行采集，实现农业生产、管理、销售等的智能化、一体化运营，成为农业的重要发展方向。在此背景下，针对农业大数据技术与茶产业的深度融合与应用问题，采用人工智能技术助力茶叶生产和管理，实现对茶叶病虫害的远程监测与自动识别，指导茶叶病虫害绿色防控，已成为茶产业发展的一个现实需求。由于技术、资金、从业人员素质等原因，当前农业物联网及人工智能技术的应用较为滞后，缺乏精准化的茶叶病虫害防控手段，远不能满足茶产业可持续发展的需要。目前茶叶病虫达到930余种，病害达100余种，每年病虫害给茶叶产量造成的损失占总产值的15%左右。从保护生态环境、促进茶产业可持续发展的角度出发，对茶园生长环境、病虫害等进行远程监测和实时分析，在增加产量、改善品质、提高经济和生态效益的前提下，构建山地茶叶大数据平台，利用人工智能与物联网技术建立一套方便快捷、识别准确的茶叶病虫害远程监测和防控系统，不但有助于解决茶叶病虫害、节肥、生态保护等系列问题，而且对促进乡村振兴，提高茶叶生产质量，提高经济效益具有重要的现实意义和较高的应用价值。

本书围绕人工智能技术及其在茶叶病虫害识别中的应用，详细介绍了人工智能研究现状、茶叶病虫害监测、特征提取及图像分割、迁移学习、支持向量机、BP神经网络、深度卷积网络及其优化、专家系统等的原理与应用技术，旨在为相关技术人员理解和开发与作物病虫害识别相关的技术提供新思路。

全书共10章，各章的主要内容如下：

第1章为绪论，介绍了人工智能、专家系统、机器学习技术的现状，分析了人工智能技术的发展趋势，对人工智能中的逻辑、知识表示、专家系统、机器学习、深度学习、专家系统、图像识别技术等重点领域进行了介绍，分析了其原理与特点，对现有技术的发展现状及不足进行了归纳和总结，并指出了当前工作中存在的一些问题。

第2章对茶叶病虫害防治中的病虫害类型、数据采集、大数据平台、识别算法等几个关键技术进行了分析，介绍了与之相关的知识。探讨了茶叶病害和虫害的相关知识，阐述了各类病虫害的特点及其分布规律。总结了茶叶病虫害远程监测与自动识别技术，分析了茶园数据采集系统的体系结构与关键技术及其特点。探讨了茶园大数据平台的基本原理，提出了大数据平台的构建方法，并阐述了其功能与设计要求。分析了目前农业大数据平台的系统架构，描述了数据采集、存储、处理及应用的基本方法。接着对茶叶病虫害自动识别技术进行了介绍，详细分析了各类识别算法的原理，并展望了未来的发展趋势。

第3章针对茶叶病虫害的图像预处理、特征提取、图像分割等问题进行了分析和总结，总结了该领域的研究和应用现状，对各类特征提取及图像分割算法的原理及应用进行了介绍，同时对现有的特征提取和图像分割算法的优缺点进行了探讨，详细分析了当前茶叶病虫害特征提取与分割算法的不足，并指出了未来的发展方向。

第4章在分析迁移学习技术优缺点的基础上，针对深度学习模型对样本需求较多、训练效率较低的问题，分析了病害的样本数量较少对深度学习模型训练时间和识别精度的不利影响，提出一种采用迁移学习技术的茶叶病害识别算法，并设计了基于灰度值的图像分割算法。基于现有Inception-V3作为卷积层模型，使用Adam和RAdam两种优化器对超参数调优后的模型进行进一步优化，再利用迁移学习技术在小样本的条件下获得较好的茶叶病害识别精度，实验中还测试了该算法的查全率与查准率。

第5章在分析BP神经网络原理的基础上，通过简化BP神经网络的神经元和优化神经网络的输入矢量，提出了一种基于BP神经网络的茶叶病害识别方法，并采用Python语言实现了对茶叶常见的几种病害，即茶叶炭疸病、茶饼病、茶煤病进行识别，该方法可以应用于App中，并在实验中对该方法进行了验证，构建了茶叶病害的远程识别系统，可实现对上述几种茶叶典型病害的远程监测与自动识别。

第6章在分析基于支持向量机的识别模型优缺点的基础上，设计了一种基于改进支持向量机的茶叶病虫害识别方法。为便于模型的训练，对采集到的茶叶常见病虫害图像进行预处理，降低外界因素对图像造成的影响。然后对处理后的图像进行归一化，使得图像的大小保持一致，为后续训练提供数据支撑。经过特征提取后的图片再一次以下采样方式进行降维，并将降维后的特征向量采用不同核函数的支持向量机模型进行分类和识别。接下来针对支持向量机分类能力，提出了支持向量机的平滑参数，以提高支持向量机的识别能力，最后对提出的方法进行了实验，结果表明该方法不但能降低运算复杂度，而且对病虫害的识别更加准确。

第7章针对当前基于深度学习的病虫害识别算法未充分考虑当茶叶病虫害图像样本过少时模型训练困难、计算量较大等问题，提出了一种基于深度卷积网络的茶叶病虫害图像识别算法。首先分析了深度卷积网络模型的构建与优化问题，并构建了茶叶病虫害数据集。在此基础上，设计了一种基于深度卷积网络的茶叶常见病虫害识别模型，在提高训练效率的同时，也提高了病虫害的识别精度。最后在实验中对提出的深度卷积网络进行验证，结果表明与传统的算法相比，深度卷积网络可以有效地提高算法的识别精度。

第8章针对目前深度学习网络对训练数据和算力要求较高的问题，分析了深度卷积网络的优化技术，重点探讨了网络剪枝方法，分析了面向下一层参数的剪枝方法和基于参数类比的剪枝方法。为避免训练数据变得越来越庞大和复杂，对深度卷积核分析方法进行了分析，设计了一种针对能量值的计算策略。考虑到基于深度卷积网络参数分布的能量值与其性能之间近似为正比关系，设计了一种参数分布的优化策略，在求解最优参数分布的时候，调整可学习参数在不同层的分配，并对该方法进行了验证和分析。

第9章分析了专家系统原理与设计方法，将人类专家的病虫害防治知识和经验嵌入到专家系统内，经过知识库的构建和推理后，由专家系统实现对茶叶常见病虫害的识别和诊断，并输出相应的病虫害防治推荐建议。对构建基于专家系统的茶叶常见病虫害诊断模型的流程与方法进行了讨论，并针对自动识别和诊断病虫害的类型与发展阶段问题提出了相应的实现手段，为茶叶病虫害防治专家系统的实现奠定了一定的理论基础。

第10章总结了采用物联网、人工智能及大数据技术构建茶叶病虫害识别与防治体系中存在的一些问题，如病虫害样本获取、大数据分析、数据规范化、识别算法精度等方面的不足。充分利用茶叶大数据的数量大、多态性、时效性特征外，结合农业物联网和人工智能技术，可以实现对茶叶病虫害的有效识别，有利于选择科学的防治措施。在此基础上，重点探讨了茶叶病虫害识别算法的优化与改进思路，对相关算法的优化方法进行了讨论，指出了下一步的发展趋势。

本书的编写和出版得到了国家自然科学基金（项目编号：61741214）、贵州省科技厅基础研究项目（项目编号：黔科合基础〔2020〕1Y260）、贵州省高校哲学社会科学实验室“黔东农业（村）发展与生态治理实验室”（项目编号：黔教哲〔2023〕07号）、铜仁市科技局项目（项目编号：铜市科研〔2015〕16-1号）的资助。此外，还得到了黔东农业（村）发展与生态治理实验室、铜仁学院乡村振兴研究中心的支持。在此表示感谢！

本书对人工智能技术在茶叶病虫害自动识别中的相关问题进行了初步探讨，分析了常用的人工智能技术、图像处理算法在茶叶病虫害自动识别中的优劣，旨在为该领域的研究人员提供参考。由于作者水平有限，书中错误之处在所难免，恳请读者批评指正（本书作者邮箱：tianbomail@163.com）。

目录

前言

第1章　绪论 1

1.1　引言 1
1.2　人工智能技术研究现状及分析 3
1.2.1　人工智能的定义及基本内容 3
1.2.2　人工智能中的逻辑与知识表示 5
1.2.2.1　基于图的知识表示 6
1.2.2.2　基于逻辑的识别表示 8
1.2.2.3　产生式系统 10
1.2.2.4　知识图谱 11
1.2.3　专家系统研究现状及分析 14
1.2.4　自然语言理解研究现状及分析 17
1.2.5　机器学习技术研究现状及分析 18
1.2.5.1　宽度学习 19
1.2.5.2　深度学习 24
1.2.6　机器感知、思维及行为 27
1.3　图像识别技术研究现状及分析 28
1.4　本章小结 31
参考文献 31

第2章　茶叶病虫害及其远程监测与识别技术 35

2.1　引言 35

2.2 茶叶常见病害 …… 36
2.3 茶叶常见虫害 …… 37
2.4 茶叶病虫害远程监测与自动识别 …… 40
2.4.1 茶园数据采集系统 …… 42
2.4.1.1 体系结构 …… 42
2.4.1.2 关键技术 …… 44
2.4.2 茶叶大数据平台 …… 45
2.4.3 茶叶病虫害数据采集及自动识别 …… 47
2.5 发展趋势 …… 49
2.6 本章小结 …… 50
参考文献 …… 51

第3章 茶叶病虫害图像的特征提取与图像分割技术 …… 53

3.1 引言 …… 53
3.2 图像预处理方法 …… 54
3.3 特征提取算法 …… 56
3.4 图像分割算法 …… 59
3.4.1 基于聚类和边缘的图像分割 …… 59
3.4.2 基于深度学习的图像分割 …… 62
3.5 存在的问题 …… 64
3.6 本章小结 …… 65
参考文献 …… 65

第4章 采用迁移学习技术的茶叶常见病害识别方法 …… 69

4.1 引言 …… 69
4.2 迁移学习 …… 72
4.3 深度卷积网络模型设计 …… 74
4.4 图像分割方法 …… 76
4.5 模型的训练与优化 …… 77
4.6 采用迁移学习技术的病害识别算法 …… 78

4.7 实验及结果分析 …… 79
4.7.1 数据集的构建 …… 79
4.7.2 实验结果分析 …… 79
4.8 本章小结 …… 80
参考文献 …… 81

第5章 基于BP神经网络的茶叶病害识别方法 …… 83

5.1 引言 …… 83
5.2 BP神经网络 …… 85
5.3 茶叶病害识别方法的设计 …… 87
5.4 实验结果及分析 …… 89
5.5 本章小结 …… 90
参考文献 …… 91

第6章 基于改进支持向量机的茶叶病虫害识别方法 …… 92

6.1 引言 …… 92
6.2 改进的支持向量机模型 …… 94
6.3 参数优化方法 …… 96
6.4 茶叶病虫害图像的预处理及特征提取 …… 98
6.5 模型的训练过程 …… 99
6.6 实验及结果分析 …… 100
6.6.1 实验方案及参数设置 …… 100
6.6.2 实验结果分析 …… 100
6.7 本章小结 …… 102
参考文献 …… 103

第7章 采用深度卷积网络的茶叶病虫害识别技术 …… 104

7.1 引言 …… 104
7.2 茶叶病虫害数据集的构建 …… 107
7.2.1 病虫害数据集 …… 107

7.2.2 图像分割方法 …… 108
7.3 深度卷积网络的设计 …… 110
7.4 采用深度卷积网络的茶叶病虫害识别算法 …… 114
7.4.1 深度卷积网络结构 …… 114
7.4.2 网络模型的训练 …… 115
7.4.3 卷积网络模型分析 …… 116
7.5 实验及分析 …… 117
7.6 本章小结 …… 120
参考文献 …… 120

第8章 深度卷积网络优化技术及其在茶叶病虫害识别中的应用 …… 123

8.1 引言 …… 123
8.2 深度卷积网络的训练方法 …… 125
8.3 参数优化方法 …… 127
8.3.1 卷积核分析 …… 127
8.3.2 参数分布与优化 …… 129
8.3.3 模型分析与验证 …… 130
8.4 深度卷积网络的剪枝方法 …… 131
8.4.1 面向下一层参数的剪枝方法 …… 132
8.4.2 基于参数类比的剪枝方法 …… 134
8.5 实验结果及分析 …… 136
8.5.1 实验方案及参数设置 …… 136
8.5.2 实验结果分析 …… 137
8.6 本章小结 …… 139
参考文献 …… 139

第9章 茶叶病虫害诊断专家系统 …… 142

9.1 病虫害诊断专家系统原理 …… 144
9.2 病虫害信息推荐 …… 146
9.2.1 信息推荐模型 …… 147

9.2.2 信息推荐算法 …… 148
9.3 病虫害诊断模型 …… 149
9.3.1 知识库的构建 …… 149
9.3.2 推理机模型 …… 152
9.4 茶叶病虫害诊断专家系统的设计与开发 …… 155
9.5 实验结果及分析 …… 157
9.6 本章小结 …… 158
参考文献 …… 159

第 10 章 茶叶病虫害识别与防治技术发展趋势 …… 161

10.1 茶叶病虫害防治大数据平台 …… 162
10.2 病虫害识别算法的优化与改进 …… 165
10.3 智慧茶园建设 …… 168
10.4 本章小结 …… 172
参考文献 …… 172

第 11 章 总结与展望 …… 175

附录

第1章 绪 论

1.1 引言

近几年来，采用人工智能、大数据技术构建基于农业物联网的智慧农业系统，提高作物病虫害监测与防治水平，成为种植、养殖等现代农业发展的一个重要趋势。专家系统、计算机视觉、神经网络、深度学习等技术在农业信息化建设中发挥了关键作用，其应用范围不断扩大，经济效益也十分显著。但农业有其特殊性。一方面农业生产流程复杂，生态环境多样，投入成本较高，抗风险能力弱。另一方面我国农业从业人口较多，年龄偏大，整体科学文化素质偏低，对现代信息技术在农业中的应用造成了很大的阻碍。除了少数发达国家，如以色列、加拿大、美国、日本等在智慧农业建设和应用中取得较大的成效以外，其他多数发展中国家在农业信息化和智能化方面的研究和应用水平较低，智慧农业发展的深度与广度有待提升[1]。

随着我国乡村振兴战略的深入实施，作为一种传统的特色产业，我国茶产业发展迅速，全国茶叶产量位居世界第一，2020年的全国茶叶产量297万吨，较上一年度增加了19.28万吨，茶叶种植面积超过4 700万亩*，已成为国民经济中的一项支柱产业。但随着生态环境的变化，茶叶病虫害有持续加重的趋势，已成为影响茶树生长和茶叶产品质量的一个关键因素[1]。在茶叶生产过程中，正确识别各类病虫害是科学防治的前提。目前在茶叶病虫害监测与自动识别方面，采用图像识别、机器学习等人工智能相关技术的病虫害防治体系也正处于起步阶段，由于受到成本及系统性能的限制，该类技术在应用场景中并不成熟[1][2]。当前茶叶病虫害防治主要采用人工方法，即利用声测、诱集、红外等技术结合专家和从业人员现场对茶树状况进行研判，然而大部分基层农业技

* 1亩=1/15公顷。

术人员和种植人员难以熟练掌握数量众多的病虫害相关知识，不能对病虫害进行准确及时的诊断和防治，很难准确、及时地识别出病虫害的分布密度、种类等信息，难以满足病虫害防控要求。因此，综合利用人工智能、大数据、物联网技术，在研究和部署茶园实时数据采集和传输系统的基础上，构建茶叶大数据平台，开发针对茶产业大数据平台构建和应用的参考模型，设计和实现病虫害识别算法，实现对茶叶病虫害的动态监测和发生趋势分析，为实时分析和识别病虫害类型和分布规律，构建茶叶生长环境远程监测及病虫害防控体系提供技术支撑，可有效地推动智慧茶园的建设，对促进茶产业的可持续发展具有重要意义。

随着生态环境的变化和种植面积的增加，病虫害的进化速率加快，其危害性越来越大，每年给茶产业造成的损失占该产业总值的12%～15%。全国各类茶园中的常见病虫害有茶饼病、茶炭疽、茶轮斑病、茶云纹叶枯病、茶根结线虫病、茶小绿叶蝉、茶尺蠖、茶银尺蠖、黑刺粉虱、茶跗线螨、茶蚜、茶褐蓑蛾、螺纹蓑蛾等，其中尤以茶尺蠖和茶炭疽的危害较大。因此，建立一套成本较低、可靠性较高的茶叶病虫害实时监测和识别体系，实现对茶叶病虫害持续的识别、预警和防治，已成为茶产业可持续发展的一个必然趋势。考虑到茶叶病虫害是造成茶叶产量和品质下降的一个重要因素，特别是近些年茶饼病、茶炭疽、茶尺蠖、茶银尺蠖等对西南地区山地茶叶质量造成较大影响的现实，根据病虫害防治的实际需求，有针对性地研究和应用农业物联网、人工智能、大数据技术，克服现有数据采集系统中节点电池容量有限、信道质量差、存储及计算能力不足等问题，利用机器学习和图像识别技术开展对茶叶病虫害自动识别系统的研究与应用，构建茶叶常见病虫害监测体系，实现对病虫害持续识别、预警和防治，这对提高茶叶品质，降低生产成本，推行绿色防控等具有重要的实际应用价值[3][4]。

总的来看，结合农业物联网和人工智能技术的病虫害监测与识别系统，能广泛应用于各类智慧农业系统中，可有效监测作物病虫害的发生情况及生长环境参数，推动智慧农业的应用落地。茶叶作为一种重要的经济作物，在产业发展过程中应加强对病虫害的研究，构建完善的病虫害数据库，积极应用图像识别、机器学习技术构建病虫害智能识别系统，实现管理的现代化和智慧化，是茶产业进一步提质增效，实现可持续发展的关键。

1.2　人工智能技术研究现状及分析

本节分析了人工智能技术的基本概念与关键技术，对人工智能中的逻辑、知识表示、专家系统、机器学习、图像识别、深度学习等重点领域进行了介绍，分析了其技术原理与应用特点，并对其发展现状及不足进行了归纳和总结。

1.2.1　人工智能的定义及基本内容

人工智能指的是为人类制造的或合成的物质、思想及方法。斯腾伯格指出：智能指的是人类从自身经验中学习、思考及记忆重要信息以处理日常生活事项的认知能力[5]。严格意义上讲，智能本质上是一种高效的思维。从这个意义上来说，各类动物，如猫、海豚、蚂蚁、猩猩、狗等也都具有一定的智能，只是智能的程度有所区别。人工智能（AI）是研究理解和模拟人类智能、智能行为及其规律的一门学科。尼尔逊教授这样定义人工智能："人工智能是关于知识的学科——怎样表示知识以及怎样获得知识并使用知识的科学。"而温斯顿认为人工智能是研究如何使计算机去做过去只有人才能做的智能工作。拉斐尔认为人工智能是一门科学，该科学让机器做人类需要智能才能完成的事情。总的来看，这些说法已较为完整地描述了人工智能学科的基本思想和基本内容。他们指出人工智能是研究人类智能活动的规律和规则，在模仿人类及其他生物的思考、行为和动作的基础上，利用机械、计算机、网络或其他工具构造具有一定智能的系统，研究如何让机器去完成以往需要依靠人或其他动物的智力和才能方可胜任的任务[5][6]。狭义上来说，人工智能是研究应用计算机软硬件来模拟人类一些行为的理论、方法和技术，其核心任务是建立人工智能理论，进而利用这些理论设计和实现近似于人类智能行为的计算机系统，从而实现与人类智能有关的智能行为，如判断、推理、证明、识别、感知、理解、规划、学习等思维活动，完成相关的任务。换言之，在给定的问题—问题环境—主体目的条件下，智能就是有针对性地获取问题—环境的信息，并正确地对这些信息进行处理以提炼知识达到认知程度，在此基础上，把已有的知识与主体的目的信息相结合，合理地产生解决问题的策略信息，并利用所得到的策略信息在给定的环境下成功地解决问题达到主体的目的[6]。

如何评判人或其他生物的智能水平是人工智能技术发展过程中的一个关键

问题。但目前并无公认的、科学的方法评判人类或其他生物的智能，相关的技术正处于不断成熟过程中。早在 20 世纪 50 年代，“人工智能之父”图灵（Alan Turing）发表了一篇论文，提出了著名的图灵测试：如果一台机器能够与人类展开对话而不能被人辨别出其只是一台机器，则称这台机器通过了图灵测试，被认为是有智能的[6]。

本质上，图灵测试是一种黑盒测试，如图 1－1 所示。

图 1－1　黑盒测试示意

图灵测试在进行过程中，要求测试人与被测试人是分开的。被测试人与测试人（机器）隔着一道帘子，机器扮演一个人。测试人通过一些装置向被测试人问一些问题，再评估答案。问过一些问题后，再看测试人能否正确地判断出帘子后面的是人还是机器。如果认为帘子后的是人，那机器就通过了图灵测试，说明它是有智能的，否则机器就是没有智能的。目前还没有一台机器能够通过图灵测试，但 OpenAi 公司于 2022 年 11 月 30 日发布了自然语言处理工具 ChatGPT，称其能够通过图灵测试，这是人工智能领域的一个重要突破。该工具采用注意力机制的 Transformer 模型，结合强化学习使其具备了较强的拥有语言理解和文本生成能力，可准确高效地完成对话交流，撰写方案、论文、翻译、编码等工作，代表了人工智能领域的一个重要发展方向[7]。

具体的图灵测试可用图 1－2 表示。

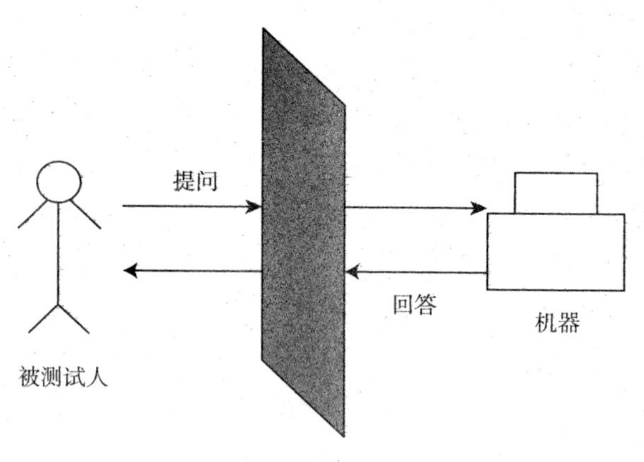

图 1－2　图灵测试示意

目前有两种不同的人工智能研究学派，一派为弱人工智能学派，着重于借鉴人类的智能行为，将任何表现出智能行为的系统都称之为人工智能，人工智能研究的目的是设计出相应的程序与系统，运行后得到满意的结果。其目的是研制出更好的工具以减轻人类智力劳动，是否使用与人类相同的方式执行任务无关紧要。另一派为强人工智能学派，重点关注生物可行性，强调人工智能系统的结构和运行原理的描述，希望能够研究出达到甚至超越人类智慧水平的人工智能系统，能够具备较强的推理和分析问题的智能程序，该程序或机器将被认为是有知觉和自我意识的，能够独立思考问题并制定解决问题的方案，甚至在一定程度上具有自己的意识，有自己的价值观和世界观体系，可以根据自己的意图开展行动。

一般来讲，人工智能技术现在所取得的进展和成功，是缘于“弱人工智能”而不是“强人工智能”的研究。在目前的科学技术条件下，强人工智能的进展较为缓慢，其理论与实践多数仍停留在实验阶段[8]，对于人工智能机制与原理的理解与描述仍不成熟，但相关理论一旦取得突破，其对人工智能的意义是非常巨大的，从这个角度来看，“强人工智能”具有很大的发展空间。

从研究内容来看，目前在人工智能领域包含以下几个研究内容。

（1）逻辑与知识表示。

（2）专家系统及自然语言理解。

（3）机器学习。

（4）机器感知、思维及行为。

1.2.2 人工智能中的逻辑与知识表示

知识是由经验总结升华出来的，因此知识是经验的结晶。本质上，人工智能是根据知识的获取、存储、推理来得到求解问题的思路与策略，在此基础上形成算法，再对实际问题进行求解。因此，知识的表示是人工智能系统中的一个首要问题。从数据—信息—知识的层次上来说，信息是将数据转化为有意义的事物的结果，而知识是在信息的基础上增加了上下文信息，提供了更多的意义，因此其价值也更大。一般来说，知识会随着时间的变化而动态变化，新的知识可以根据规则和已有的知识推导出来。可以说，知识表示就是研究用机器表示知识的可行性、有效性的一般方法，可以看作是将知识符号化并输入到计算机的过程和方法。而知识的表示，指的是能够正确、有效地将问题求解所需要的各类知识都表示出来。

知识表示有多种方法，基本要求是一致的，首先是可理解性，即所表示的知识应该是易懂、易读、易于掌握和应用的，同时也易于组织、标注和存储。其次是便于获取，相关的方法与手段易于实现，以便人工智能系统能够渐进地增加知识，逐步地进化，最终实现快速、高效地训练与学习。再次是便于搜索，对知识进行表示的符号结构和推理机制应能够支持对知识库的高效搜索，使智能系统能够实时地感知事物之间的关系和变化，并能快速地从知识库中找到有关的知识。最后是便于进行推理操作，使智能系统能够快速地从已有的知识中推出需要的答案和结论。

目前常见的知识表示类型有图、逻辑、智能体及网络等[8]。常用的知识表示方法有基于图的知识表示、基于逻辑的知识表示、产生式系统、知识图谱等几种，其处理手段及效果与具体的应用场景有关。对于茶叶病虫害监测与识别任务而言，与此相关的知识包含病虫害外观特征、各类防治措施与流程等。实践中，为使智能系统，特别是专家系统能快速处理相关知识，实现对知识的处理与利用，常采用知识图谱进行知识表示，有利于实现更进一步的分类和提出决策。

1.2.2.1 基于图的知识表示

图是一种常用的数据结构，在人工智能系统中的知识表示中有重要的地位，其理论与应用已相当广泛。图由一组有限数量的节点（顶点）构成，顶点之间由有限数量的边组成集合。图可以表示为式（1-1）。

$$G=G(V,E) \tag{1-1}$$

其中 V 表示顶点，E 表示边，即：

$$E=(u,v) \tag{1-2}$$

其中 u，v 分别表示边连接的两个顶点。

从图的结构来看，图可以用来表示很多经典的问题，如哥尼斯堡桥、货郎、工程进度等问题。多数据情况下，可以采用严格的数学方式对图进行描述，将其抽象为点和线连接的图，采用抽象图的形式进行描述。交通图表示为图 1-3。

目前针对图的研究并不多，因为其相关的表示规则与算法相对比较成熟，但图的应用较为广泛，在时序分析、优化及模型构建等领域具有一定的优势。在图的应用方面，有学者[9]设计了一种基于时序图的作战指挥行为知识表示学习方法，对指挥行为进行知识表示学习，并通过指挥行为预测任务验证模型的有效性。有实验对该学习方法进行了验证，结果表明他提出的方法对于评估指

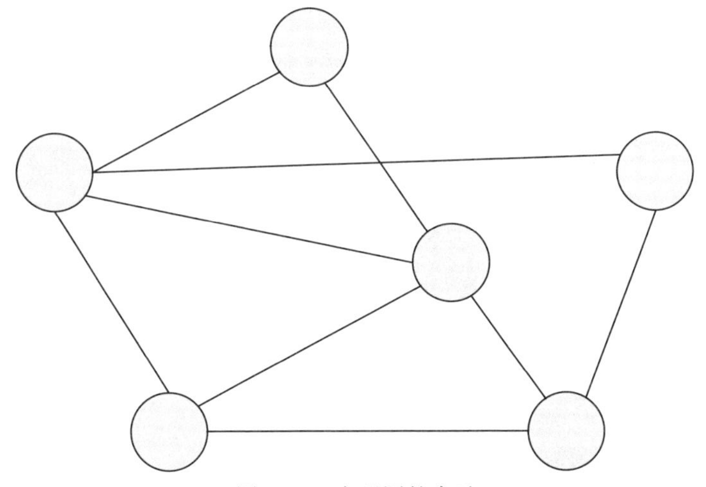

图 1－3　交通图的表示

标提升较大，能够有效地捕捉特定场景下指挥行为的时空特征，为时序行为知识的表示和学习提供了可行的范例，同时也为整体态势认知打下了坚实的基础。

值得指出的是，另一种常用的图是一种被称为“与”图的表达法，其本质上是一种超图，可以用树图形式对知识进行描述和分析，基本原则是将复杂的大问题分解为一组简单的小问题，总问题可以分解为多个子问题，类似的子问题还可以再进行分解。其示意如图 1－4 所示。

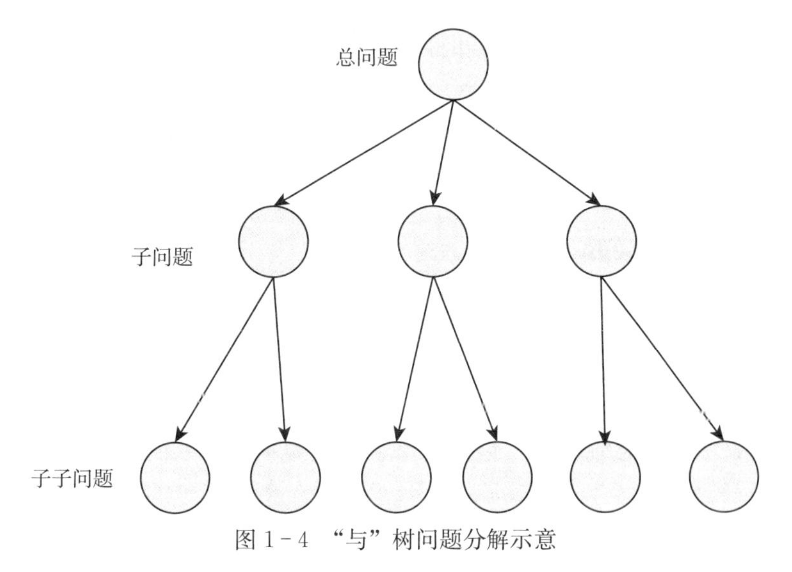

图 1－4　“与”树问题分解示意

同时，一个较难的问题也可以变换为一个或多个较易的等价或等效的问题。如果一个问题可以等价变换为几个容易的问题，则任何一个容易的问题解决了，也就解决了原有的较难的问题。同理，这些容易的问题还有可能进一步再等价变换为多个更容易解决的问题，如此下去可形成一棵树，基本结构如图 1-5 所示。

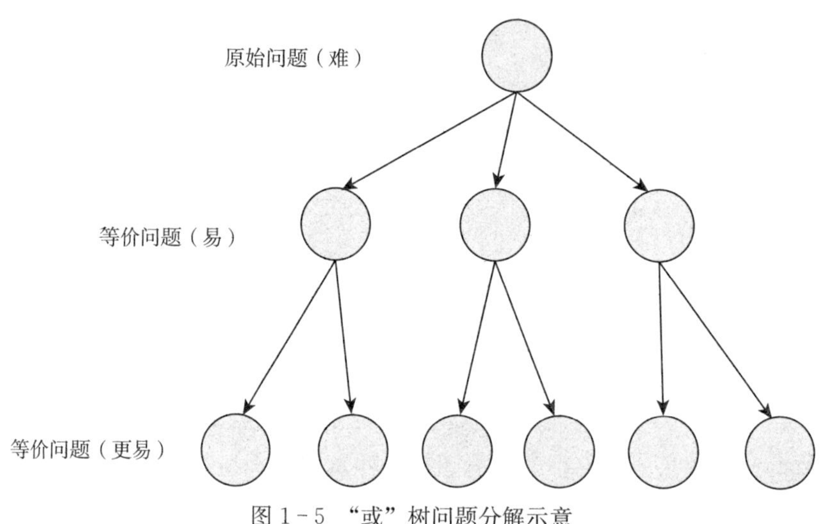

图 1-5 “或”树问题分解示意

总的来看，基于时序图的知识表示主要存在两方面挑战：一是如何保留行为时序图中的复杂拓扑结构信息，解决行为实体节点的空间依赖问题；二是如何表示行为实体节点间的复杂时序信息，解决行为时序图实体节点的时间依赖问题。对此，蒲玮等[10]建立了 Agent 行动图概念模型到行为仿真模型框架转换方法，设计了基于 Agent 行动图的建模工具，并验证了其可行性与有效性。

1.2.2.2 基于逻辑的识别表示

本质上，逻辑学是研究人类思维规律的科学，而现代逻辑学则是用数学，即采用符号化、公理化、形式化的方法来研究这些规律。通过对概念外延的拓展和对概念内涵的修正，逻辑学完成了思维的最基础的功能概念化。这一过程将物理对象抽象为思维对象，包括对象本身的表示、对象性质的表示、对象间关系的表示等。在概念化的基础之上，思维进入更加高级的层次，即判断与推理。判断主要包括概念对个体的适用性判断，个体对多个概念同时满足或选择性满足的判断，个体对概念的蕴涵的判断等。而推理可以描述为对概念、判断的思维。这些准则是思维主体对自身思维属性感知并概念化的产物，因此可以说思维是感知的概念化和理性化。本质上，现代逻辑学的宗旨是用符号化、公理化、形式化的方法来研究这种概念化、理性化过程的规律与本质。逻辑具有两个重要的相互关联的部分，即公理系统和演绎结构。公理系统用来表明什么关系和蕴含可以形式化。演绎结构即为推理规则集合，通常包含假言三段式、概括及特指等。

从理论上来看，逻辑及其形式系统的演绎都能够保证结果和结论的正确性，而其他的知识表示模式目前还尚未达到这种程度。从各原始语句集开始，导出的所有结论的闭包集合，即逻辑语句集合的语义保持，完全由推理规则说明。原则上，逻辑可以保证知识库逻辑上的一致性和所有结论的正确性，而其他表示模式目前并不能做到这一点，这也是逻辑在知识表示中的一个主要优势。而演绎可以采用机械化的方式进行，程序可以从现有的陈述语句中自动确定知识库中某一新语句的有效性[11]。

现代逻辑学的公理化也更为彻底，它将人们的推理规则也符号化和模式化，它们本质上和公理相同，但为了突出它们在形式上和应用上与公理的区别，称它们为推理规则模式。相关的定义如下[8][11]：

定义 1：一类问题被称为是可判定的，如果存在一个算法或过程，该算法用于求解该类问题时，可在有限步内停止，并给出正确的解答。如果不存在这样的算法或过程则称这类问题是不可判定的。

定理 1：任何至少含有一个二元谓词的一阶谓词演算系统都是不可判定的。

定理 2：一阶谓词演算是半可判定的。

归结原理本质上是从子句集 S 出发，应用归结推理规则导出子句集 S_1。再从 S_1 出发导出 S_2，依此类推，直到某一个子句集 S_n 出现空子句为止。根据不可满足性等价原理，若 S_n 为不可满足的，则可逆向依次推得 S 必为不可满足的。用归结法，过程比较单纯，只涉及归结推理规则的应用问题，因而便于实现机器证明。

针对谓词逻辑推理问题，有学者[11][12]通过在公理系统中区分两类规则，给出了一种定义演绎后承的新方法。该方法不仅继承了已有定义的优点，而且可以将模态和谓词逻辑中的几种后承概念统一起来。值得指出的是，谓词逻辑与数据库特别是关系数据库具有密切的联系。在关系数据库中，逻辑代数表达式是谓词逻辑表达式之一，如果采用谓词逻辑作为系统的理论框架，则可以将数据库系统扩展改造成知识库，从理论和实践上来看都是较为容易的。同时，一阶谓词逻辑具有完备的逻辑推理方法，如果以逻辑的一些外延扩展后，则可将大部分的知识表达成一阶库房逻辑的形式。而谓词逻辑本身具有比较坚实和深厚的数学基础，知识的表达方式决定了系统的主要结构和运行逻辑，知识表达方式的严密科学性要求比较容易得到满足，这样对形式化理论的扩展导致了整个系统框架的发展。此外，逻辑推理指的是从公理集合中演绎而得出结论的过程。逻辑及其形式化系统具有的重要性质，可以保证知识库中新旧知识在逻辑上的一致性和所演绎出来的结论的正确性，而其他方法在这一点上还不能与其相比。

有学者[13]对基于谓词线性逻辑的自然语言逻辑分析进行了总结，指出其在逻辑推理、自然语言识别等方面具有较大的应用潜力。另有学者[14]对函数符号有限谓词逻辑程序的索引集的复杂性进行分析，讨论其复杂性的几种计算模型，对丰富谓词逻辑的复杂性分析手段具有重要的参考价值。总的来说，谓词逻辑有其优点，它可以精确地表达知识，拥有通用的逻辑演算方法和推理规则，是一种接近于自然语言的形式语言，便于用计算机实现逻辑推理的机械化和自动化。同时，其缺点也比较明显，具体表现在两个方面，一是推理是根据形式逻辑进行的，把推理演算与知识含义分开，失去了表达内容中所含有的语义信息，导致推理过程过于冗长，且推理的效率不高。二是不便于表达和加入启发性知识及元知识。

1.2.2.3 产生式系统

产生式系统用来描述多个不同的以一个基本概念为基础的系统。这个基本概念就是产生式条件和操作的概念。产生式系统中论域的知识分为两部分，即用事实表示静态知识，如事物、事件和它们之间的关系；用产生式规则表示推理过程和行为，知识库主要用于存储规则[14]。

通常情况下，一个产生式系统包含事实库、规则库和规则解释（控制器）三部分，其结构如图 1-6 所示。

产生式系统中的事实库存放当前已知的知识信息数据，包括推理过程中形成的中间结论知识，其作用是存储问题的状态、性质等事实的叙述型知识，也称为综合数据库或工作存储器。在事实库中的数据由规则解决（控制器）激活相应的规则。系统中的数据是广义的，可以是常量、多元数据组、谓词、表结

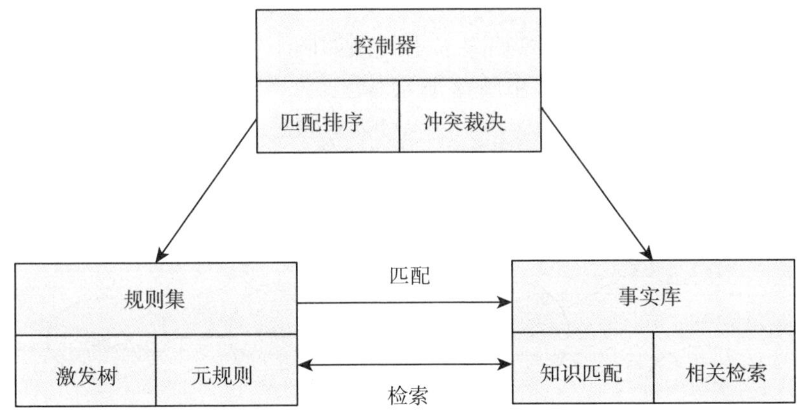

图 1-6　产生式系统基本结构

构等，其基本含义是指一个事实或断言[8][13]。

规则存储了有关问题的状态转移和性质变化。每条产生式规则分为左部和右部两部分，左部表示激活该产生式规则的条件，右部表示调用该产生式规则后所做的动作。基本形式为：

$$P_1, P_2, \cdots, P_m \rightarrow C_1, C_2, \cdots, C_n$$

即如果左边的条件得到满足的话，则执行上面右边的动作序列。

控制器根据相关的控制型知识，将规则与事实进行匹配，控制和利用知识进行推理并求解问题，通常包含了匹配、冲突消解和操作三个部分。其中由匹配器负责判断规则条件是否成立，冲突消解器负责选择可调用的规则，解释器负责执行规则的动作，并在满足结束条件时终止产生式系统的运行。

产生式系统中事实的表示方法中包含了孤立事实的表示和事实之间的关系。孤立事实在专家系统中用特性—对象—取值三元组表示。事实之间的关系是把静态的知识划分为互不相关的孤立事实，在计算机内部需要通过某种途径建立起这种联系，以便知识的检索和利用。一般情况下，单个规则由前项和后项两部分构成，前项表示的是前提条件，后项表示当前提条件为真时，应该采取的行动或所取得的结论。而规则之间是按某种方式将有关规则连接起来，形成某种结构[8]，以便进一步的处理。

1.2.2.4　知识图谱

知识图谱本质上是一种叫做语义网络的知识库，即具有向图结构的一个知识库，其中图的结点代表实体或者概念，其本质上是语义网络知识库。而图的边代表实体—概念之间的各种语义关系，例如两个实体之间的相似—类别等关系。典型的知识图谱结构如图 1-7 所示。

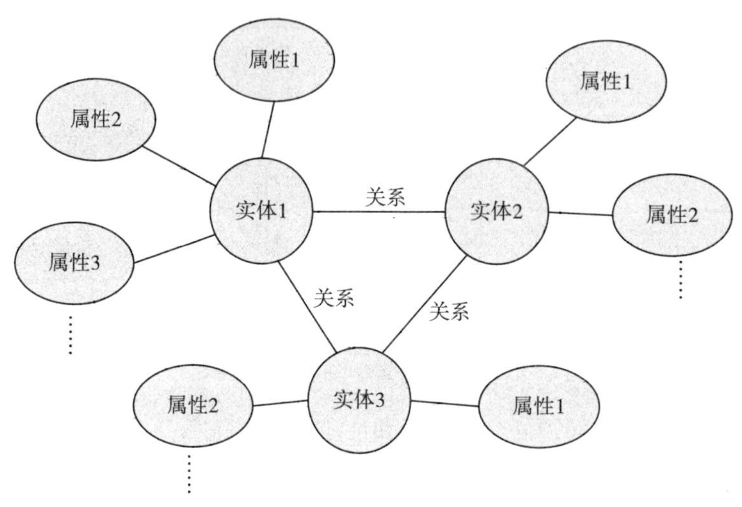

图 1-7　知识图谱示意

知识图谱中，基于符号的推理一般是基于经典逻辑（一阶谓词逻辑或者命题逻辑）或者经典逻辑的变异。基于符号的推理可以从一个已有的知识图谱推理出新的实体间关系，同时也可以对知识图谱进行逻辑的冲突检测。有学者[15]揭示了知识图谱表示模型的内在原理及影响因素，分析和总结了其在特定任务上的效果差异。在面向链接预测任务时，采用对比研究方法，比较基于翻译的知识图谱表示模型和基于语义匹配的知识图谱表示模型在 FB15K、WN18、FB15K-237 和 WN18RR 四个数据集的效果差异，并得出其量化对比，便于对其性能进行综合评估。

也有学者[16]对基于知识图谱的知识搜索与决策方法进行了研究和分析，并提出了一种基于知识图谱的决策方法，可用于知识搜索及导航。有实验验证了该方法的性能，其精度与效率较传统方法有了很大的改善，可有效地被应用于对知识的搜索及导航系统中。

基于上述分析，可以看出知识图谱在大数据环境下对知识搜索、分类等具有明显的优势，在实际应用场景中具有较好的前景。对此，有学者[17]针对大数据环境下用户兴趣数据稀疏、缺乏深度关联和描绘精度较低等问题，采用知识图谱融合多源兴趣知识，以提高描述用户兴趣的全面性和准确性。同时从兴趣之间的关联角度出发，完成了用户兴趣建模、知识获取和知识融合，整合了兴趣间的语义关联和社交网络关联，构建了兴趣知识图谱。能够将上述方法用于挖掘兴趣标签节点与上位词节点、百科标签节点、社交网络用户节点的关系，计算兴趣标签的语义关联度和社交网络关联度，生成复合关联权重，对重构兴趣之间的衍生关系以实现用户的兴趣拓展具有重要的现实意义。

有学者[18]针对目前大多数知识图谱都是根据非实时的静态数据构建，没有考虑实体和关系的时间特性的问题，深入分析了社交网络通信、金融贸易、疫情传播网络等应用场景的数据具有实时动态的特点以及复杂的时间特性，如何利用时序数据构建知识图谱并且对该知识图谱进行有效建模是一个具有挑战性的问题，并指出当前研究工作的重点是利用时序数据中的时间信息丰富知识图谱的特征，赋予知识图谱动态特征，将事实三元组拓展为（头实体，关系，尾实体，时间）四元组表示，使用时间相关四元组进行知识表示的知识图谱被统称为时序知识图谱。同时，对时序知识图谱相关文献进行整理和分析，并对时序知识图谱表示学习的工作进行了全面综述，介绍了时序知识图谱的背景与定义，总结了时序知识图谱表示学习方法相比传统知识图谱表示学习方法的优点，并从事实的建模方法角度详细阐述了时序知识图谱表示学习的主要方法，介绍了上述方法使用到的数据集。最后对该技术的主要挑战进行了总结，并对其未来研究方向进行了展望。

有学者[19]基于知识表示学习的知识图谱补全学习知识的向量表示，利用向量的计算挖掘知识图谱中的隐藏关联，具备更高的计算效率和更强的泛化能力，是知识图谱补全最好的方案之一。首先分析了知识图谱补全和知识表示学习的概念。然后按照实体和关系是否固定，分别介绍静态知识图谱补全和动态知识图谱补全，对两个不同场景下各类算法的思路及改进过程进行详细说明。依据时间信息的动态知识图谱补全中，现有的模型在引入时间信息时忽视了结构化信息的历史变化趋势，这种变化趋势通常会影响实体及关系的表示。依据文本信息的动态知识图谱补全中，目前的模型主要依赖实体描述来建立已知实体和未知实体的关联，但实体的文本信息除了实体描述以外还有实体名称、实体类型等，这些都是丰富的文本资源，在后续的工作中可以研究如何将这些实体描述以外的文本信息进行统一考虑，以此来优化模型的训练效果，同时提高模型对于部分文本信息稀缺的容忍度，是以后的一个重要研究内容。

总的来看，依据结构信息的动态知识图谱补全方法中，现有的模型为了降低分析和推理的复杂度，在学习过程中可以只利用单步关联实体，也可利用多跳关联实体，但考虑到这些多跳关联实体有可能比单步关联实体具有更高的影响力和构建效率，在后续的研究中也可以将多跳关联实体引入模型的学习建模过程中，来达到优化未知实体的知识表示的目的。

知识图谱技术能够有效地降低利用多源异构数据的门槛，但如何对各类知识数据进行有效的整合和利用是目前面临的主要问题。由于数据规模相对较大，受平台架构、计算节点数量和系统开销等各类因素的影响，采用图数据库平台进行的复杂关系分析和衍生关联的计算效率总体上是偏低的，如何提高其计算效率，是当前需要解决的一个关键问题。此外，针对不确定性推理，与此相关的模糊推理、证据理论等也在人工智能系统中得到较为广泛的应用，相关理论的研究和应用也是当前人工智能技术研究中的一个重要方向。

1.2.3 专家系统研究现状及分析

专家系统是人工智能中最重要的成就之一，Firebargh 及 Giarratano 等归纳了专家系统的特征，并指出了其优点和不足[8]。专家系统可以在一定程度上解决问题，具备实时学习的能力，也具备一定的推理能力，是智能系统中的一项重要技术。目前专家系统仍是人工智能领域中较为活跃的一个研究和应用领域，它最早实现了人工智能从理论研究走向实际应用，从一般推理策略探讨转向运用专门知识，在辅助决策方面具有重要的应用价值[18]。本质上，在人工智能应用领域，专家系统可以看作是一类具有专门知识和经验的计算机智能程序系统，一般采用人工智能中的知识表示和知识推理技术来学习和解决问题。经过多年的发展，特别是随着深度学习方法的发展与广泛应用，专家系统得到了迅速发展和应用，很多专家系统已被应用于工业控制、交通、金融、医学、商业等领域。

典型的专家系统如图 1-8 所示。

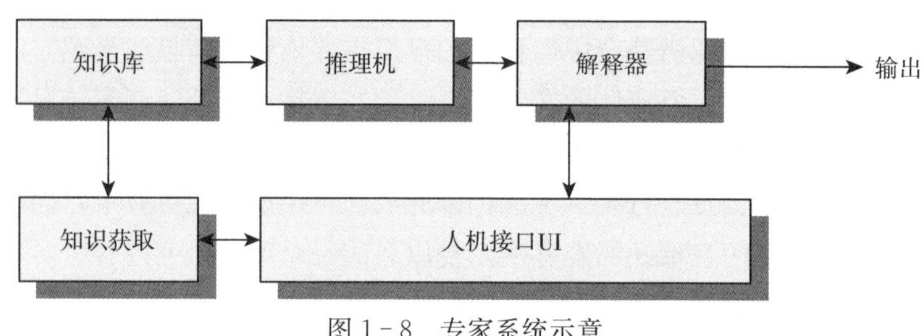

图 1-8　专家系统示意

从图 1-8 可见，专家系统的核心是推理机，它基于知识库进行知识的重构与利用，可以有效地解决一个基本的问题。但目前的难点仍然是在知识获取方面，如何对知识进行自动收集和解释，采用更有效的学习与决策机制是专家系统有效工作的关键。目前针对专家系统的研究也主要围绕此类问题展开。有学者[18]基于人工智能专家系统方法，针对岩爆预测过程中出现的模糊性和随机性特点，建立了岩爆烈度分级模糊综合预测模型。采用模糊数学方法确定各指标的模糊隶属函数及权重，然后以规则编程的形式对所获取的知识进行表示，建立了岩爆烈度分级预测专家系统的知识库，并编制了相应的分析和计算程序，实验证明可以有效地提高预测的精度。

本质上，知识库是用来生成、保存和管理知识的，即知识库用来存放领域专家提供的有关问题求解的专门知识。知识库中的知识来源于知识获取机构，这些机构包含人类专家的知识，也包含其他机器和系统生成的一些经过验证的规则。这些知识已经过实践的验证，主要来自人类或其他自动化机器和系统获得的现成知识和规则，一般是以 if…then 的形式进行保存的一些规则。知识获取是建造和设计专家系统的关键，也是目前建造专家系统的一个难题。知识获取的基本任务是为专家系统获取领域知识，构建健全、完善、有效的知识库，以满足专家系统求解领域问题的需要。在实际应用场景中，知识工程师负责从领域专家那里抽取知识，并用适合的方法把知识表达出来（目前常用的是 if…then 规则的方式）。知识获取机构把知识转换为计算机可存储的内部形式，然后把它们存入知识库。在存储过程中，要对知识进行一致性、完整性的检测[18]。

知识库是为推理机提供求解问题所需的知识，基于知识库中的知识，推理机能够对知识进行利用（推理），生成决策。因此，知识表示是知识库中的一个重要问题，一般情况下，要建立合适的知识库，首先要选择合适的知识表达方法。目前常用的知识表示方法有一阶谓词逻辑、产生式、框架、模糊逻辑、状态空间、遗传编码、深度神经网络等。在选择合适的知识表示方法时，需要考虑以下几个方面：一是能充分表示领域知识能充分有效地进行推理便于对知识的组织维护和管理，便于理解与实现知识库的管理。二是知识库管理系统对知识库中的知识进行组织、检索、维护等操作。在专家系统中的任何其他部分要与知识库发生联系，都必须通过知识管理系统来完成，从而实现对专家库中知识的统一管理和使用。知识获取的体系结构如图 1-9 所示。

获取相关的知识后，在知识库中还可以对知识进行深入的加工和分析，该

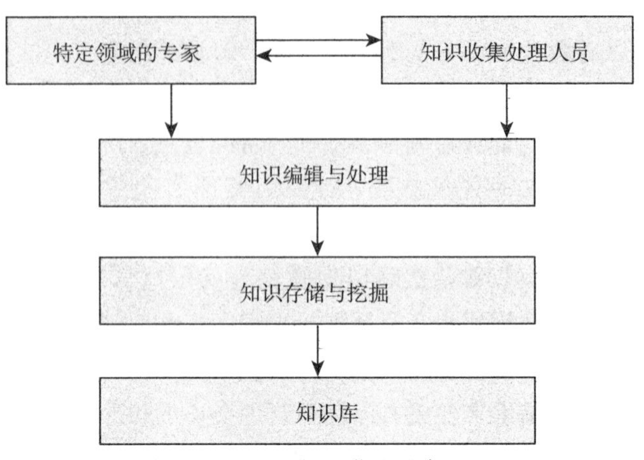

图 1-9　知识获取示意

过程可以视为一个知识发现和数据挖掘的问题。知识发现是一个从数据库中发现知识的过程。而数据挖掘是从数据库中挖掘知识的过程。知识发现和数据挖掘在本质上其功能较为接近，知识发现的概念主要是针对人工智能和机器学习领域，而数据挖掘针对的是统计、数据分析、数据库和管理信息系统领域。知识发现和数据挖掘的目的就是从数据集中抽取和精化一般规律或模式，相关的数据类型包括结构化数据和非结构化数据，具体有数值、文字、符号、图形、图像、声音等[22]。

推理机的主要功能是模拟领域专家的思维过程，控制并执行对问题的求解。推理机一般是一个程序模块，目前常用的是基于模糊逻辑的推理结构。推理机能根据当前已知的事实，利用知识库中的知识，按一定的推理方法和控制策略进行推理，直到得出相应的结论。从逻辑结构上来说，推理方法可分为确定性推理和不确定性推理。相应的控制策略，即推理方法的控制及推理规则的选择策略，包括了正向推理、反向推理和正反向混合推理。推理策略一般还与搜索策略有关。推理机的性能与构造一般与知识的表示方法有关，但与知识的内容无关，这有利于保证推理机与知识库的独立性，提高专家系统的灵活性[21]。

专家系统已在信息安全、医学、工农业等方面得到一定的应用，其效果也是较为显著的，能够有效地提高工作效率。在网络安全方面，对用户行为进行检测可以有效减少检测错误，有学者[19]在综合考虑 APT 检测器和专家系统的虚警率和漏报率的基础上，用博弈论方法讨论了在云计算系统的 APT 检测和防御中，利用专家系统进行二次检测的必要性，设计了一个基于专家系统的APT检测方案，并提出一个检测博弈模型，推导其纳什均衡，据此研究了专家系统对云计算系统安全性能的改善作用。有学者[20]设计了一种能够优化供应链效率的专家系统，能够有效地提高供应链的反应速度与工作效率，同时成本也得到显著的降低。也有学者[22][23]总结了专家系统和机器学习技术在临床泌尿外科的应用，分析了专家系统在医学领域中的优点和不足，并展望了其发展趋势。有学者[24]设计了海参病害防治诊断专家系统，提出了病害信息推荐模型和病害诊断模型。病害信息推荐模型根据病害的特点设计，可以实现病害信息的主动推送，从而有效预防病害。病害诊断模型采用产生式规则描述知识，采用正向推理诊断病害。有学者[26]依据蔬菜病害诊断问题特点，改进现有的层次分析法，利用诊断难易程度和影响病害发生的主要环境因子，建立蔬菜病害的分步诊断推理模型。

从实际使用情况来看，专家系统能够在很大程度上辅助人类进行决策，其可靠性也较高，运行精度和智能化程度也得到了极大的提升。但仍面临着以下几个问题：一是知识的获取较为困难，很难实现大范围的、高可用性的知识获取。二是推理机目前缺乏自我学习、自我更新的能力，在专家系统中应用人工智能技术，是推理机设计中面临的一个重要问题。总体上，如何提高专家系统中知识自动获取与学习能力，增强推理机的知识运用能力，是当前研究中的一个重点方向。此外，对于如何在专家系统中考虑知识规则和知识解释对推理的影响，仍值得进一步研究。

1.2.4 自然语言理解研究现状及分析

自然语言理解是通过机器来理解与回答相关的问题。近几年来，随着强化学习与深度学习的技术发展，自然语言理解（NLU）技术得到了广泛的应用，在实现机器理解文本内容的方法模型构建方面取得了较大的进步，在智能系统中发挥着关键作用，是各类智能系统实现问答、搜索、内容撰写等功能的核心模块。典型的应用如ChatGPT，能够基于知识库与人类进行深入的交流与沟通，近期内，部分重复性、机械性的工作能够被该工具替代[25]。

从NLU技术的实现原理来看，其基本流程有以下几个主要操作步骤[25]。

（1）首先是分析和理解人类语言，完成词法、句法及语法分析，实现对语句的断句、分词等操作。其本质上是对文本进行拆分，表示为多个具有语义、语法的片段，在该过程中使用了自动切词、上下文关联分析等技术和工具。

（2）在上述工作的基础上，采用词向量空间模型、分布式表示模型等文本表示方法，实现对语句系列的处理，构建相应的向量与矩阵，实现对文本的描述模型。如基于词袋模型的文本相似度计算方法，基于上下文的注意度分析和计算等，能够直接处理语句串，并对其用数值向量形式文本进行表示。

（3）进一步采用分类、序列标注、注意力矩阵等手段，计算文本序列中的实体、三元组、意图、事件等。在此基础上，结合监督学习或非监督学习手段，智能系统就可以在某种程度上领会用户的语言，进而判断其基本含义。

经过上述步骤，可能实现对自然语言的理解，构建语言模型。近年来，基于深度学习模型及迁移学习技术，能够构建相应的模型，实现对用户意图的深入理解与学习，并智能生成文本，完成与用户的沟通与交流。此外，NLP 领域的一些研究者也尝试通过迁移学习的方式建立预训练语言模型，将在通用领域通过无监督方法学到的知识迁移到有监督任务上，产生了许多高性能的预训练语言模型。由于 NLP 领域本身无监督的语料数据规模较为庞大，且能轻易获取并构建语料库，因此只需要设计合适的语言模型，在无监督数据集上进行大量训练，即可得到精度较高的语言模型，针对模型做具体的有监督训练任务时，可以将学到的语言知识迁移到各个 NLP 任务上[25]。

目前性能较高的预训练语言模型结构是 Transformer 模型，OpenAi 公司已推出不同的版本，该模型中的第 4 版是最新 ChatGPT 工具的核心模块。该模型由输入层、网络结构层、输出层等部分组成。一般来讲，Transformer 模型中引入自注意结构与多头注意力机制，能够计算出更精准的文本信息，同时该模型能够实现并行化计算，其网络深度与参数数量也更为庞大。GPT 使用了 Transformer 解码模型，并使用单向的语言模型对 NLP 下游任务采用统一框架。值得指出的是，BERT 模型结合了 GPT 与 ELMO，进而完善了 Transformer 编码模型，同时采用双向的语言模型，在模型的训练过程中使用了掩码语言模型 MLM，可以获取更为强大的语言表征能力[25]。

1.2.5 机器学习技术研究现状及分析

机器学习技术是人工智能技术的一个重要分支，其基本涵义是计算机系统或程序针对某一类任务能够实现知识获取、经验的积累而不断完善和进步。随着大数据时代的到来，各行业对数据分析需求的持续增加，通过机器学习高效地获取和处理知识，已逐渐成为目前机器学习技术发展的主要推动力。如何基于机器学习对复杂多样的数据进行深层次的分析，更高效地利用信息成为当前大数据环境下机器学习研究的主要方向，是目前机器学习技术的重要发展趋势。因此，目前的机器学习技术越来越朝着智能数据分析的方向发展，并已成为智能数据分析技术的一个重要支撑。此外，在大数据时代，随着数据产生速度的持续加快，数据的体量有了前所未有的增长，而需要分析的新的数据种类和数量也在不断增加，如文本的理解、文本情感的分析、图像的检索和理解、图形和网络数据的分析等，使得机器学习和数据挖掘等智能计算技术在大数据智能化分析处理应用中具有极其重要的作用[26][27]。

经过多年的发展，常用的机器学习方法分为监督学习与无监督学习。监督学习方法有回归、决策树、支持向量机、贝叶斯、神经网络及深度网络等。常用的无监督学习算法有聚类、降维、OPTICS 等。基本的流程如图 1－10 所示。

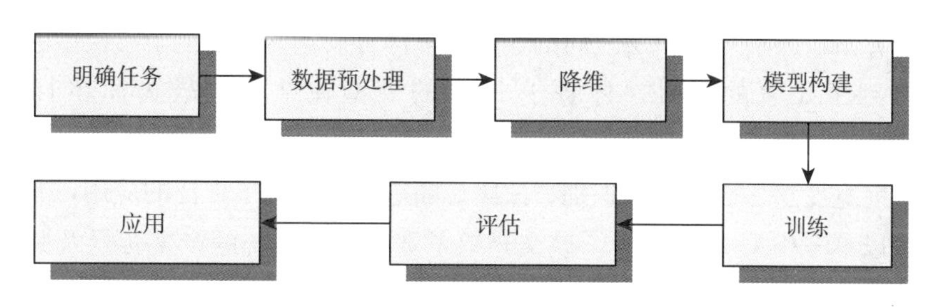

图1　10　机器学习基本流程

从应用的角度来看，目前机器学习算法中效果较好的是深度学习网络，其各方面性能远超传统的机器学习算法，与深度学习相关的理论与实践应用已成为当前机器学习技术的研究和应用热点。因此，本章将重点介绍深度学习及宽度学习的一些进展和应用技术，以便更好地帮助读者进行实际应用。

1.2.5.1　宽度学习

宽度学习（BLS）[30]其基本处理思路是先将输入数据经过特征映射生成特征节点，再将特征节点经过非线性变换生成增强节点。在此基础上，将特征节点和增强节点拼接后作为隐藏层，最后将隐藏层的输出经连接权重处理后得到最终输出。BLS 需要采用伪逆运算来求取网络隐藏层到输出层的权重值。一般来说，使用这种计算方式能够保证较高的计算精度且运算复杂度较低，也不会遇到梯度消失或爆炸等问题。此外，当宽度学习模型的测试准确率未能达到预期的要求时，能够使用增量学习方法实现对模型的快速重建。自 BLS 的原理提出后，国内外研究者提出了很多基于 BLS 的模型结构及其对应的改进算法，这些算法被广泛应用于图像分类、模式识别、数值回归、脑电信号处理、自动控制等领域，取得了较好的应用效果。本质上，宽度学习是将随机向量函数链神经网络的隐藏层与输出层进行合并，使原来只含有一层隐藏层的神经网络变为只有输出和输入的线性系统，即对其进行了“加宽”，构成了上述的宽度学习系统[28][29][30]。

从模型结构进行分析，BLS 首先对原始输入数据做随机特征映射操作，同时对特征映射进行特征增强处理，进而获得特征节点和增强节点。值得指出的是，特征节点和增强节点合并为输入层，并且连接至输出层。最后可以采用岭回归操作得到输出层与输入层间的连接权值。考虑到在生成特征节点和增强节点的过程中，BLS 模型中的所有连接权值都是随机产生且大小不变，因此只需计算出输入层与输出层之间的连接权值即可，这使得宽度学习模型的训练效率得到了显著的提升，且基于 BLS 的模型在结构上较为简单且易于实现[30]。

目前宽度学习已在图像识别、故障诊断等领域获得了广泛的应用，其研究进展可以参考相关文献[30][31]。该文介绍了宽度学习系统的产生背景及其发展历程，总结了宽度学习系统的基础理论与实现方法，并将其与深度学习网络进行了对比，分析了二者的异同。同时也深入分析了宽度学习系统在图像分类、数值回归、脑电信号处理等应用中的不足及其改进思路。总结了这些算法的优势和不足，指出了现有宽度学习算法存在的局限性，强调了宽度学习在超参数设置、节点冗余、可解释性方面存在的问题，并对下一步的研究方向进行了展望。也有学者[32]在宽度学习系统的基础上，以误差矢量的 p-范数为损失函数，融合固定点迭代策略，提出了一种基于最小 p-范数的宽度学习系统。通过自适应地设置参数 p 的取值（$p \geqslant 1$），能够让提出的最小 p-范数的宽度学习系统能较好处理不同噪声的干扰，完成对不确定数据的建模任务。此外，针对基于宽度学习系统的预测模型存在较多的降低虚拟机性能预测准确性和效率的冗余节点，通过引入压缩因子，构建了基于压缩因子的宽度学习系统，使预测结果更加逼近输出样本，能够有效地减少 BL 的冗余特征节点与增强节点，从而加快 BLS 的网络收敛速度，提高 BLS 的泛化性能。

从图 1-11 可以看出，BLS 的隐藏层包含特征节点和增强节点两部分，宽度学习的目标函数如式（1-3）所示[32]。

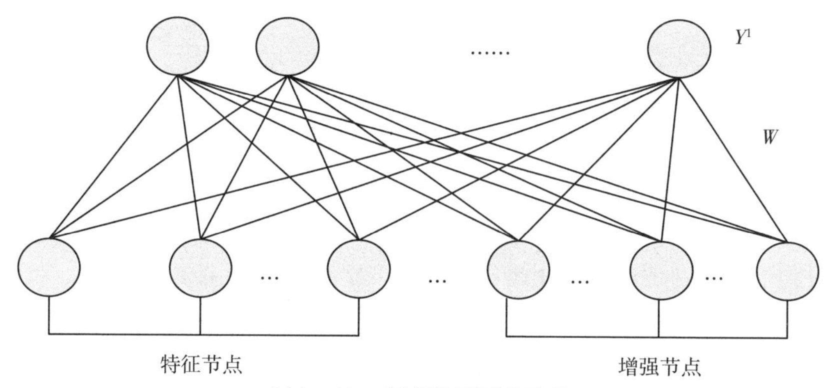

图 1-11　宽度学习原理示意

$$\arg\min(abs\|Y-\hat{Y}\|_2^2+\frac{\lambda}{2}\|W\|_2^2) \quad (1-3)$$

式中的 W 表示权重，Y 为标签，$\|Y-\hat{Y}\|_2^2$ 表示训练误差应达到最小化，$\frac{\lambda}{2}\|W\|_2^2$ 用于控制模型过拟合，λ 为系数。

宽度学习中常用的学习方法为增量学习算法，较为成熟的算法有 3 种[32][33]。其输入数据增量算法可表示为。

$$\begin{aligned}A_x=[\varphi(X_aW_{e1}+\beta_{e1}),\cdots,\varphi(X_aW_{en}+\beta_{en})|\\ \gamma(Z_x^nW_{h1}+\beta_{h1}),\cdots,Z_x^nW_{hm}+\beta_{hm}]\end{aligned} \quad (1-4)$$

式中的 $\varphi(X_aW_{e1}+\beta_{e1})$，…，$\varphi(X_aW_{en}+\beta_{en})$ 表示特征节点发生变化的部分，W 表示权重。与之相对应的是，当增加新的特征节点时，新增的特征节点能够映射成新的增强节点。换言之，当新增一组特征节点 Z_{n+1} 时，对应新增的增强节点可表示为。

$$H=[\varphi(Z_{n+1}W_{ex_1}+\beta_{ex_1}),\cdots,\varphi(Z_{n+1}W_{ex_m}+\beta_{ex_m})] \quad (1-5)$$

可以看出，添加特征节点和增强节点进行更多的变换能够增强学习模型的特征提取能力，使模型性能得到显著的提升。针对因新增训练数据或新增隐藏层节点而变化的权重，BLS 可以快速地利用这些数据更新原有的模型，从而学习到更接近实际的规律。

训练过程中 BLS 有两类超参数需计算和优化。第一类超参数与网络结构有关，包括 n、q、m、r。第二类超参数是 λ。本质上，为了得到压缩的特征，参数 q 一般比输入数据的属性数量小，但 q 也不宜取过小的值，以避免相关的特征丢失。但在训练过程中，由于 BLS 是随机提取特征，对于上述参数需要设置较大的值以提取到更多的特征。如果参数的值有增加，则学习模型的测试准确率会先缓慢地提升，而后趋向缓和甚至会有下降，最终导致过拟合现象的发生。此外，上述参数值增大时会导致模型的训练时间也会随之增加。在实际应用时，上述参数需要使用者在网络的效率和准确率之间进行权衡，一般采用网格搜索法能够方便地计算出适中的取值范围[31][32]。而对于模型中参数 λ 的调整和优化，一般根据经验进行尝试和选取，并不断地进行调整和优化。

因此，与深度神经网络相比，宽度网络模型并不增加网络的层数，而是增加隐藏层节点使网络向“宽度”的方向进行构造。总体上，深度神经网络通过增加隐藏层提取高层抽象特征，从而保证深度神经网络能够取得较好的效果，其本质上是依赖多次非线性变换，保证了网络的特征提取能力，使模型能够逼近任意函数。而 BLS 通过增加特征节点和增强节点提取抽象且丰富的特征。值得指出的是，BLS 也保留了较好的函数逼近能力，有学者[31][32]用实验验证了 BLS 采用随机设置权重的方式训练出的模型能达到与深度神经网络相当的分类准确率，且 BLS 建模所需的时间远小于深度神经网络。深度神经网络一般采用反向传播更新权重，由于更新需要迭代进行，当网络层数较多时，参数更新过程变得非常耗时，在训练过程中，深度神经网络对学习率的值较为敏感。与此同时，BLS 用伪逆快速求取隐藏层到输出层的权重值，在训练过程中避免采用基于梯度的更新方法，保证了网络训练的效率，不会导致陷入局部最优、梯度消失或爆炸等问题。

另外，当模型的测试准确率不能满足预期要求时，深度神经网络会采用增加隐藏层或者增加卷积核的数量来调整网络结构，以优化相关参数，此时需要重新训练整个深度网络，导致训练过程中消耗了较多的资源。考虑到数据的数量是动态增加的，这要求深度网络模型能快速更新以适应使用者的需求。在上述情况下，深度神经网络会存在训练时间长，收敛较慢的问题。而宽度网络可以快速实现结构式增量学习，增量学习算法只需要对原有的权重参数进行修改和扩充即可得到新的模型参数[33]。

宽度学习目前还存在一些不足，如随机权重的可解释性、节点冗余、超参数设置等方面的一些问题。在大多数应用场景下，宽度学习模型中输入层与特征节点的权重以及特征节点到增强节点的权重均是采用随机生成的方式获取的，因此对于不同的学习任务，权重参数的生成完全独立于训练和测试样本，但现有的参数运算方式在理论层面缺少可解释性。从这个角度来看，有必要设计出更合理的、更具解释性的权重求取方法，但目前并没有更合适的方法实现这个目标。此外，在宽度学习模型的训练过程中，为了充分学习输入样本数据的信息，保证系统的函数逼近及泛化能力，宽度学习模型的隐藏层节点一般会设置得非常多，但有些节点的作用并不明显，可以视作是冗余的，其对分类或检测的贡献并不大。这种情况下，冗余的节点会导致模型的计算量较大、训练时间过长、所需存储空间过大等问题，不利于宽度学习模型的实际应用。目前宽度学习模型的特征节点和增强节点数的设置一般是采用网格搜索法，其计算代价较高。同样，现有的宽度学习系统及其改进算法中一些超参数是需要通过人工进行设置和调优的，这对某些应用者是较为困难的，其计算结果也很难保证是最优的。一种解决思路是考虑将边缘降噪自编码器与粒子群优化算法相结合用于宽度网络中最优参数的自动选择。类似地，宽度学习模型中的超参数也可考虑采用类似的方法进行设置[31]。

综合现有的文献来看，各种针对宽度学习模型的改进策略主要包括以下几类：一是直接运用传统宽度学习的基本算法和增量算法处理特定领域的实际问题；二是结合各研究领域的先验知识，在宽度学习的损失函数中增加能反映该先验知识的正则化项；三是将宽度学习与一些比较好的方法，如深度卷积网络、图卷积网络、LSTM、模糊系统等进行结合，增强模型的特征提取能力，提升模型的整体性能；四是将两个宽度学习组合成双宽度学习系统，并通过一些方法建立两个系统的联系。

值得指出的是，可以通过增加特征节点和增强节点提取抽象且丰富的特征。本质上，能够通过稀疏自编码方式或随机方式产生特征节点和增强节点的输入权值，对输入样本进行线性变换后形成特征节点，然后对特征节点经过激励函数非线性变换后获得增强节点，通过合并增强节点输出与特征节点输出形成宽度学习的输出矩阵，利用岭回归直接计算输出权值矩阵。因此，经过上述处理后宽度学习不会遇到陷入局部最优、梯度消失或爆炸等问题，而且其网络会更加灵活，便于使用增量学习算法，增强了网络的可扩展性，在异常检测、诊断、工控领域具有一定的优势。同时宽度学习与模糊逻辑、迁移学习等方法的结合，也是当前宽度学习的一个重要的研究和应用方向[33]。此外，值得关注的是，宽度学习的增量算法在大数据时代是有巨大的应用优势的。可以考虑将基于 BLS 的模型部署在服务器或者云端，其模型训练与参数优化完全可以借助服务器端的强大计算资源来完成，这样可为 BLS 的应用带来极大的方便。这种模式下，随着嵌入式设备计算能力的提升、新型存储技术的进步，在嵌入式端完成 BLS 的实时训练是完全可能的[33]。相关的架构如图 1 - 12 所示。

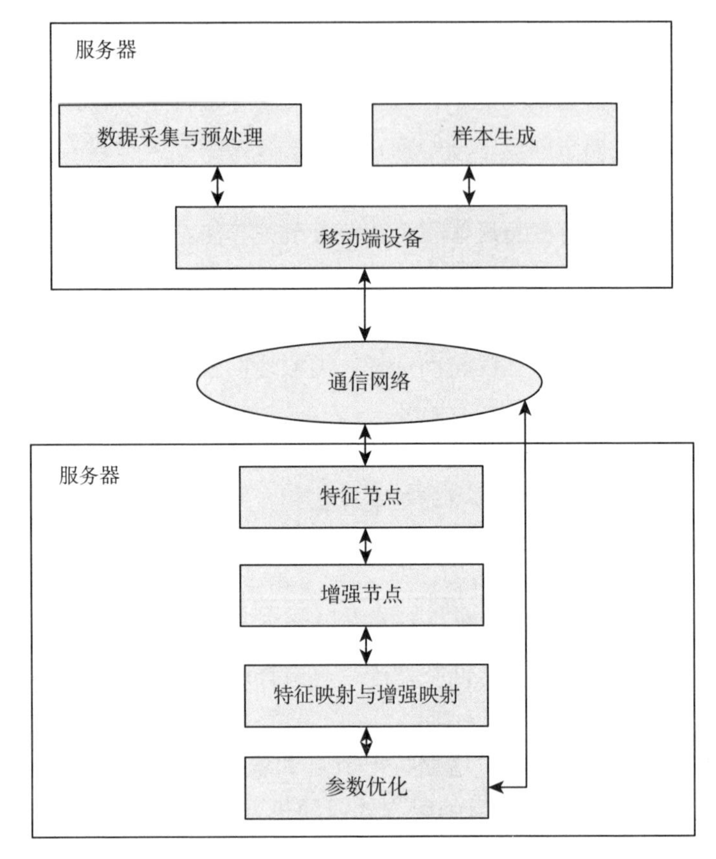

图 1 - 12　面向移动端的宽度学习体系架构

1.2.5.2　深度学习

深度学习是机器学习的一种，是一种利用复杂结构的多个神经网络层次来实现对数据进行高层交互抽象的一种算法。深度学习的概念源于传统人工神经网络的研究，采用了概率生成模型，可自动从训练集中提取特征，通过组合低层特征形成更加抽象的高层表示属性类别或特征，以便发现数据的分布式特征表示。本质上，是通过多层非线性映射将各影响因素分享，分别对应到神经网络中的各个隐层，各层在上一层的基础上提取不同的特征，表现在网络的参数中，一定程度上可模拟人脑进行分析学习的神经网络，目前已在图像识别、语音处理、自然语言、工业控制中得到较为广泛的应用[34]。

深度学习首先推动了无监督学习算法的性能提升，深度学习模型的优异性能得益于其复杂的网络结构，而复杂的网络结构则需要大量样本进行训练。然而在有监督学习模式下，大量样本标签的人工标注是非常困难的，这促进了无监督深度学习模型的发展。自编码器作为典型的无监督深度学习模型，旨在通过将网络的期望输出等同于输入样本，实现对输入样本的抽象特征学习。针对无监督学习，有学者[35]针对深度网络模型中的自编码器在应用中的一些问题，对其理论基础、改进技术、应用领域与研究方向进行了总结。介绍了传统自编码器的网络结构与理论推导，分析了自编码器的算法流程，并与其他无监督学习算法进行了比较。讨论了常用的自编码器改进算法，分析了其出发点、改进方式与优缺点。并介绍了自编码器在目标识别、入侵检测等具体领域的实际应用现状。

从结构上来说，深度学习网络模型可以用图 1-13 进行表示。

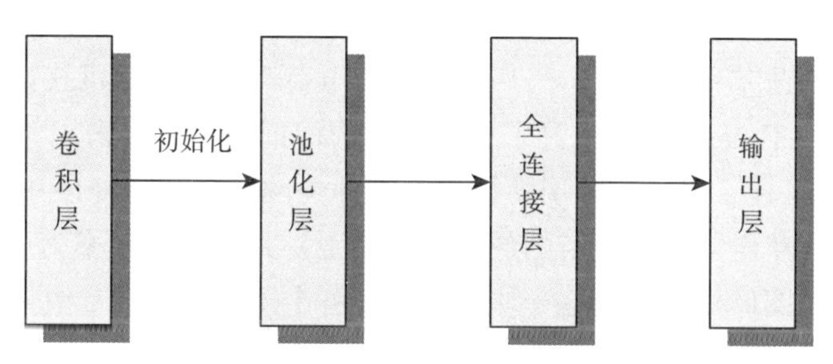

图 1-13 深度网络示意

而在目标检测领域，深度学习也有较大的优势，在检测速度和准确率方面均有显著提升。程旭等[36]对基于深度学习的目标检测现有研究成果进行了详细综述。首先回顾了传统目标检测算法及存在的问题，其次总结了深度学习框架下区域提案和单阶段基准检测模型，之后从特征图、上下文模型、边框优化、区域提案、类别不平衡处理、训练策略、弱监督学习和无监督学习这 8 个角度分类总结[34]，指出如何利用神经网络架构自动搜索与生成技术来提升目标检测领域模型的检测性能将是未来的一个有意义的研究方向。

深度网络的优化问题一直是一个难以解决的问题，对此，侯志松等[40]讨论了深度网络模型参数的优化问题，提出了一系列的优化思路。在聚类方面，深度学习也有其独特的优势，姬强等[38][39]对深度聚类的研究现状进行了归纳和总结。首先从神经网络结构、聚类损失和网络辅助损失 3 个角度介绍了深度聚类的相关概念。然后根据网络的结构特点对现有的深度聚类算法进行分类，并分别对每类方法的优势和劣势进行分析和阐述。提出好的深度聚类算法应具备的三要素：模型的可扩展性、损失函数的鲁棒性和特征空间的平滑性，并从这几个方面分别阐述未来可能的研究方向。也有学者[37]针对时空序列数据存在的 3 个问题分别提出相应的数据预处理方法，对基于传统参数模型、传统机器学习模型以及深度学习模型的时空序列预测方法逐一阐述并对比分析，为研究者选择模型提供参考，之后总结深度学习模型在不同领域内对时空序列预测的应用。

在作物病害图像识别领域，深度学习也有较大的应用潜力。侯志松等[40]为提高包含复杂背景信息的作物病害图像的识别准确率，解决作物病害数据集样本较少导致的模型训练过拟合问题，提出了一种基于集成学习与迁移学习方法的作物病害图像识别算法。该算法首先在公开数据集上完成模型预训练，其次通过任务域迁移和特征空间迁移，解决农作物病害图像识别问题；进而重构集成学习中的投票机制算法，提升模型对复杂图像的识别能力。刘慧力等[47]以识别玉米秧苗茎秆为目标，采用云台搭载电荷耦合器件相机获得玉米秧苗图像，采用 LabelImage 插件设计了玉米秧苗的标记与标签。采用深度学习框架 TensorFlow 搭建了多尺度分层特征的卷积神经网络模型，并使用 4 倍膨胀的单位卷积核，获得了玉米秧苗图像的识别模型，其识别准确率为 99.65%。将已知玉米秧苗图像划分为最佳子块，求取了各个子块的最佳二值化阈值。选取 6 种杂草密度在每天 5 个时间段进行为期 3 天的试验。试验结果显示，对玉米秧苗茎秆的平均识别准确率为 98.93%，且光照条件与田间杂草密度对识别结果没有显著影响。周惠汝等[48]讨论了基于深度学习的图像识别自动快速诊断作物病害的优点，指出相比传统图像识别所用的模式识别方法，深度学习网络模型能自行提取特征且能够由低维特征抽象出高维特征，取得更好的学习效果。他们系统地回顾了深度学习在图像自动化识别方面的发展历程，介绍了浅层神经网络的相关概念，阐述了深度学习与之相比具有的优势，并简述了深度学习的重要图像识别算法，如卷积神经网络、BP 神经网络等。作物病害图像识别由单作物单病害、单作物多病害和多作物多病害的识别 3 部分组成，在分析讨论深度学习这三方面的研究现状以及目前该领域面临的困难与挑战的基础上，提出了未来可能需要突破的难点和研究重点。

深度学习已成为近几年人工智能领域的一个研究热点，在工业控制、图像识别、目标跟踪等领域得到了迅速应用，是未来人工智能技术的一个主要发展方向。但其原理可解释性较差，训练过程复杂，数据样本较大，对计算资源要求较高，从模型构建和训练的角度寻求解决这些问题的途径，是目前研究的重点。具体而言，深度学习在病虫害识别中存在的一些问题应引起足够的重视[48]。主要表现在以下几个方面。

（1）首先，实际拍摄的病虫害图片的背景过于复杂，给目标的检测与识别造成了很大的干扰。其次，在病虫害诊断过程中，病斑和害虫的颜色往往是重要的分类依据之一，但在自然光照条件下，拍摄的角度、高度或者地点可能会导致部分图片中病斑和害虫位置颜色深浅不一，使得病虫害特征不明显，严重影响了训练精度。

（2）在同一片区域当同种病虫害同时发生时会造成特征紊乱，影响算法分类的结果。同一种病虫害的不同发病时期症状有很大的不同，且发病时前期和后期叶片一般会表现出不完全相同的症状。

（3）目前缺乏大型公开的茶叶病虫害图像数据集。学习过程中，深度网络在面临小样本问题时会造成过拟合现象。换言之，模型在训练过程中，会出现训练数据集上的误差不断下降，验证数据集上的误差却在不断上升的现象。特别是在对小规模样本的茶叶病害图像数据集进行分类时，深度网络过度提取特征就容易造成过拟合现象，并且训练速度和识别速度都会减慢。

（4）在病虫害识别算法设计和应用时，需要软件技术人员和植保专家相互交流合作，或由拥有交叉学科知识背景的研究人员不断探索以加速病虫害图像智能识别的进程。

1.2.6 机器感知、思维及行为

机器感知一般包括了机器的听觉、视觉和触觉等功能，其基本原理是采用较多的各类传感器采集需要的信息，经过数据的处理与存储后，使用设定的算法和程序处理后形成各种非基本感官所能获取的数据，经过进一步的处理后，提取出所需的信息，作为下一步机器行为依据。机器感知、思维及行为已有较多的实际应用案例，比如机器视觉、模式识别、人脸识别及自然语言理解等，都是这方面的典型应用。而机器思维指的是机器在感知所得到的知识的基础上，通过设计相应的逻辑推理、分析算法，对知识进行处理，推导出用户需求的结论，模仿人类思维过程，得到用户所需要的结论。一般来讲，机器思维及行为会依赖于数理逻辑，其基本的推理活动是采用规定的符号、定义、公式、公理和定理对知识进行分析和处理，经过计算后完成对问题的判断和推理的过程，这个过程中使用了符号、计算机程序及相关的软件，本质上是实现了对抽

象问题的离散化、符号化、模型化操作。普遍认为，在机器感知、思维及行为方面，目前人工智能能够在很多方面达到人类的感知与思维水平，但正如前文所言，机器目前在本质上依赖于形式化推理，借助符号运算和推理，只是对人类智能的一种较为低级的模仿，其本身缺乏自主意识及发散性思维，有待于进一步的技术发展，方能充分发挥其应用潜力。

1.3 图像识别技术研究现状及分析

图像识别是人工智能的一个重要的研究领域，是指利用计算机技术对图像进行处理、分析和理解，以识别图像中包含的各种不同的模式的技术。图像识别技术的发展经历了三个阶段：文字识别、数字图像处理与识别、物体检测与识别。图像识别的基本步骤如图 1-14 所示。

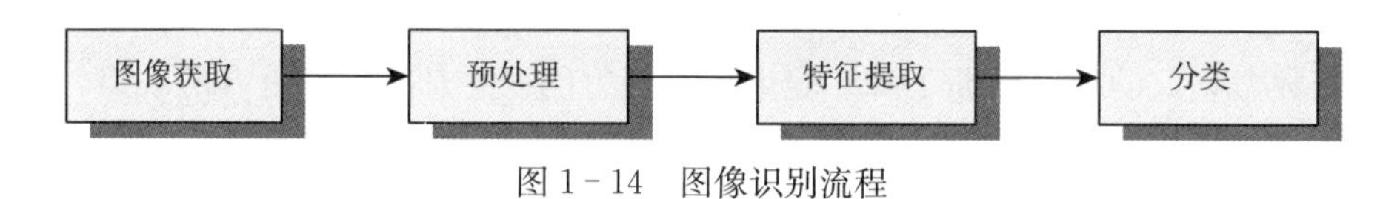

图 1-14　图像识别流程

图像的获取过程是通过传感器将光或声音等信息转化为电子信息，其形式可以是二维的图像，也可以是一维的波形如声波、心电图、脑电图，还可以是物理量与逻辑值。图像的预处理包括数模转换（A/D）、二值化、平滑、变换、增强、恢复、滤波等，其目的是便于对图像实施进一步的分析与处理。特征提取过程表示对图像进行特征的抽取和选择，其本质上是对测量空间的原始数据进行变换，以获得在特征空间最能反映分类本质的特征，该过程对后续的目标检测、分割、匹配、识别等具有重要意义，是图像识别的关键技术之一。分类器设计及决策的主要功能是通过训练确定判决规则，使按此类判决规则分类时，错误率最低。常见的分类方法有决策树、支持向量机、神经网络、深度学习等，目前相关的方法已较为成熟，已在实践中得到了广泛的应用。

目前深度学习由于具备了良好的特征提取和分类能力，已成为图像识别领域的一个主要技术，其性能与效率已得到检验，是当前综合性能最好的图像识别方法。深度学习能够自动、高效、准确地从数据集中学习到待识别目标的特征，能够替代传统依赖手工提取图像底层特征的识别方法，将结合图像处理的深度学习技术应用于图像识别领域是当前的一个研究热点[36]。

深度学习的一个主要特点在于其在学习过程中对样本数量与质量有较高的要求，因此在图像识别系统中应用深度学习技术，首要的问题是数据样本数量或质量存在不足的问题。针对这个问题，有学者[41][42][43]针对海量数据的标注工作成本较高，数据难以获取的问题，分析和总结了近几年来的零样本图像识别技术研究的主要成果，探讨了小样本和零样本条件下的深度学习方法的基本原理及设计思路，重点从背景、模型分析、数据集介绍、训练过程、参数优化等方面全面分析和总结了零样本图像识别技术，分析了当前研究存在的技术难题，并针对关键问题提出了一些解决策略，对未来的研究路径进行了分析和展望。本质上，零样本学习方法侧重于建立已知类与未知类之间的关联，目的是将已知类学习到的知识迁移到未知类上进行应用，从而实现对未知类的预测，是图像识别技术的一个值得关注的发展方向。

随着深度学习技术的发展与广泛应用，多尺度图像识别问题也成了当前图像识别技术的一个重要发展方向。为增强大尺度物体识别的精度，可以考虑特征金字塔双向语义特征信息融合模型[44]，该模型能够实现不同尺度图像语义特征信息的双向融合。再通过嵌入深度网络，构建基于特征金字塔双向语义信息融合的多尺度图像识别方法是可行的，不同尺度物体识别的准确度可以得到有效的提升，实验结果表明采用不同的交并比在不同尺度的物体识别上比现有方法具有更高的平均准确度[45]。其基本框架如图 1-15 所示。

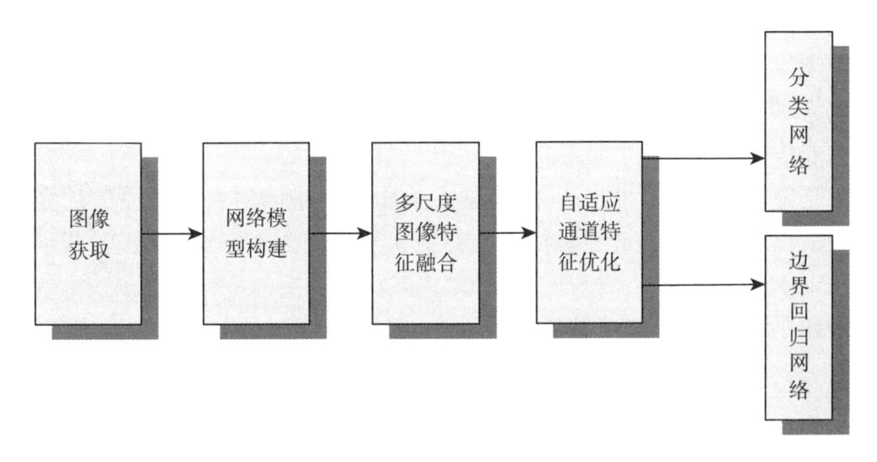

图 1-15　多尺度图像识别流程

为了更好地进行图像的多标签学习，苏树智等[46]提出一种采用自适应多尺度图卷积网络的多标签图像识别方法。采用块 Krylov 子空间形式的图谱卷积来挖掘类别标签间的相关性，在每个图卷积层中拼接多尺度信息并扩展到深层结构，并在自适应标签关系图模块所构建的关系图上学习分类器，从而更加有效地进行多标签图像识别，并在实验中验证了该方法的有效性。针对特征提取中面临的问题，周惠汝等[48]提出了一种新的非线性特征提取算法，即图强化典型相关分析（GECCA）。其基本思路是采用数据中的不同成分构建多个成分图，能够有效地保留数据间的复杂流形结构。在此基础上采用概率评估的方法使用类标签信息，并通过图强化的方式将几何流形和监督信息融合嵌入到典型相关分析框架。

随着机器学习技术的发展，各类机器学习算法已在农作物病虫害自动识别方面取得了初步的应用。马玉琨等[49]分析了病虫害对农作物的产量和质量造成的影响，指出以往对农作物病虫害的检测主要依靠人工完成，存在较强的主观性，且有一定的滞后性，相关经验也难以复制。为了实现对农作物病虫害的自动及智能检测，他提出了一种基于多特征融合的病虫害识别方法。首先采用机器学习算法提取农作物图像的局部二值化模式和灰度共生矩阵特征，再作为输入参数分别输入支持向量机分类器并做分数级融合。在此基础上，采用改进的支持向量机作为识别模型实现对病虫害的分类和识别。此外，文中也分析了多特征融合对于病斑信息提取精度的影响，对设计针对农作物病害的识别模型具有一定的参考意义。实验结果表明，特征融合分类方法丰富了病虫害图像信息量，识别农作物病虫害的精度有所提高。实验在小麦和水稻两种作物 6 种病害的数据集上测试识别精度为 89.3%，具备较大的实用价值。同时，该方法可有效识别农作物的种类，对小麦、水稻两种作物的分类精度达到了 99.7%，能够为农作物病虫害的智能诊断和识别提供技术参考。

王晓慧、周昆鹏[50]针对采摘机器人工作过程中因对自然环境中的光照变化、土壤物理特征、枝叶遮挡拦阻、背景和果实间重叠等实际情况造成的红色番茄识别不准确的问题，设计了一种基于圆拟合算法的成熟番茄识别方法。首先用照相机在自然光环境下采集番茄图像，并在 Matlab 平台中选择三原色（RGB）彩色空间进行分析。然后采用红—绿（R—G）色差分量对番茄图像进行预处理，并采用边缘检测、阈值分割和分水岭分割方法对图像中的果实目标和背景进行分割，最终选用阈值分割中的最大类间方差法完成目标图像的分割操作，并设计了一种基于反向传播人工神经网络（BP-ANN）和圆拟合算法的番茄果实识别方法，能够得到红色番茄果实的轮廓、质心和半径等参数，同时实现对果实目标的检测与定位。实验人员对红色番茄图像的识别结果进行了统计和分析，结果表明圆拟合算法的识别率达到了90.07%。该方法不仅针对单个果实的识别率较高，还较好地解决了复杂环境下多个果实重叠的识别问题，为机器人采摘果实提供了良好的理论基础。

1.4　本章小结

人工智能和机器学习技术虽然在各领域得到了广泛的应用，在图像处理、模式识别、特征提取、目标检测与识别等方面的研究也取得了较多的成果，相关技术在农作物病虫害识别等方面也有了一些应用，在实践中取得了较好的效果。然而，随着对识别精度的要求日益升高，小样本乃至无样本学习成为很多图像识别任务的条件，进一步增强了识别难度，这对识别算法设计、数据样本建设提出了新的要求。

总的来看，当前在图像识别领域的研究工作中存在以下问题：首先在图像采集与预处理算法设计方面，各类多光谱、红外、可见光、无人机等新技术的应用，对图像采集及预处理算法设计等提出了更多的要求。如何让识别算法能够在小样本或无样本的条件下达到较好的识别精度，如何改进模型的识别精度，降低对样本数量的要求，仍值得深入研究。此外，基于深度学习的机器学习技术近些年得到迅速发展，但相关样本数据库的缺失，深度网络的设计与参数优化技术，仍是当前人工智能技术研究中的一个重要问题。

参 考 文 献

[1] 蓝金珠. 茶叶主要病虫害的发生特点及防治措施 [J]. 农村实用技术，2020 (3)：72-73.

[2] 杨美秀. 浅谈茶叶种植过程中防治病虫危害措施 [J]. 福建茶叶，2019，41 (9)：1-3.

[3] 李杨，董春旺，陈建能. 茶叶智能采摘技术研究进展与展望 [J]. 中国茶叶，2022，44 (7)：1-9.

[4] 刘奇，欧阳建，刘昌伟，等. 茶叶品质评价技术研究进展 [J]. 茶叶科学，2022，42 (3)：316-330.

[5] Dreyfus H L，Dreyfus S E. Mind over machine [M]. New York：The Free Press，1986.

[6] 史蒂芬·卢奇，丹尼·科佩克. 人工智能 [M]. 林赐，译. 北京：人民邮电出版社，2018：10.

[7] https：//openai. com/blog/chatgpt.

[8] 贲可荣，张彦铎．人工智能 [M]．北京：清华大学出版社，2018：12.
[9] 王保魁，吴琳，胡晓峰，等．基于时序图的作战指挥行为知识表示学习方法 [J]，系统工程与电子技术，2020，42 (11)：2521－2529.
[10] 蒲玮，李雄．基于 Agent 行动图的作战建模方法 [J]．系统工程与电子技术，2017，39 (4)：795－805.
[11] 文学锋．一种定义模态和谓词逻辑演绎后承的新方法 [J]．逻辑学研究，2020 (6)：2－24.
[12] Lukasova，Alena，Zacek，et al.，Resolution reasoning by RDF Clausal Form Logic [J]．International Journal of Computer Science Issues，2012，9 (3)：27－32.
[13] Pavel Materna. Logical Analysis of Natural Language as an Organic Part of Logic [J]．Studia Philosophica. 2015，62 (2)：74－85.
[14] D Cenzer，VW Marek，JB Remmel. On the complexity of index sets for finite predicate logic programs which allow function symbols [J]．Journal of Logic and Computation，2020，2：1092－1099.
[15] 余传明，张贞港，孔令格．面向链接预测的知识图谱表示模型对比研究 [J]．数据分析与知识发现，2021 (8)：1－24.
[16] Hao Jia，Lei Zhao，Jelena Milisavljevic-Syed. Integrating and navigating engineering design decision-related knowledge using decision knowledge graph [J]．Advanced Engineering Informatics，2021. 50：1250－1267.
[17] 张彬，徐建民，吴姣．大数据环境下基于知识图谱的用户兴趣扩展模型研究 [J]．现代情报，2021，8：36－44.
[18] 徐涌鑫，赵俊峰，王亚沙．时序知识图谱表示学习 [J]．计算机科学，2022，22 (5)：558－565.
[19] 杨大伟，周刚，卢记仓，等．基于知识表示学习的知识图谱补全研究综述 [J]．信息工程大学学报，2021，22 (5)：559－567.
[20] 詹金武，李涛，谭忠盛．基于人工智能专家系统的岩爆烈度分级预测研究 [J]．土木工程学报，2017，50 (1)：100－105.
[21] 胡晴，吕世超，石志强．基于专家系统的高级持续性威胁云端检测博弈 [J]．计算机研究与发展，2017，54 (10)：2345－2356.
[22] Shayganmehr Masoud，Kumar Anil，Luthra Sunil. A framework for assessing sustainability in multi-tier supply chains using empirical evidence and fuzzy expert system [J]．Journal of Cleaner Production，2021 (317)：125－137.
[23] Salem Hesham，Soria Daniele，Lund Jonathan N. A systematic review of the applications of Expert Systems (ES) and machine learning (ML) in clinical urology [J]．BMC Medical Informatics and Decision Making，2021，21 (1)：223－234.

[24] 张启宇，刘峰，陈英义，等．海参病害防治诊断专家系统的研究 [J]. 江苏农业科学，2017，45 (18)：226－229.
[25] 张超然，裘杭萍，孙毅．基于预训练模型的机器阅读理解研究综述 [J]. 计算机工程与应用，2020，56 (11)：17－25.
[26] 孙敏，姚海燕，付兴国．设施蔬菜病害知识诊断系统的构建 [J]. 济南大学学报，2017，31 (5)：384－395.
[27] 赵卫东，董亮．机器学习 [M]. 北京：人民邮电出版社，2018，4.
[28] 刘嘉诚，冀俊忠．基于宽度学习系统的 fMRI 数据分类方法 [J]. 浙江大学学报（工学版），2021，55 (6)：1－9.
[29] Y Zhou，Q She，Y Ma，W Kong. Transfer of semi-supervised broad learning system in electroencephalography signal classification [J]. Neural Computing and Applications, 2021 (3)：1542－1553.
[30] Chen C L P，Liu Zhulin. Broad learning system：an effective and effi-cient incremental learning system without the need for deep architec-ture [J]. IEEE Transactions on Neural Networks and Learning Systems，2018，29 (1)：10－24.
[31] 任长娥，袁超，孙彦丽．宽度学习系统研究进展 [J]. 计算机应用研究，2021，38 (8)：2－13.
[32] 郑云飞，陈霸东．基于最小 p－范数的宽度学习系统 [J]. 模式识别与人工智能，2019，32 (1)：52－63.
[33] 邹伟东，夏元清，基于压缩因子的宽度学习系统的虚拟机性能预测 [J]. 自动化学报，2019 (45)：2－13.
[34] A V Golovko，Deep learning：an overview and main paradigms [J]. Optical Memory & Neural Networks，2017 (21)：1448－1461.
[35] 来杰，王晓丹，向前．自编码器及其应用综述 [J]，通信学报，2021 (8)：1－15.
[36] 程旭，宋晨，史金钢，等．基于深度学习的通用目标检测研究综述 [J]. 电子学报，2021，49 (7)：1429－1439.
[37] RY Sun. Optimization for Deep Learning：An Overview [J]. Journal of the Operations Research Society of China，2020 (21)：1252－1267.
[38] 姬强，孙艳丰，胡永利．深度聚类算法研究综述 [J]. 北京工业大学学报，2021，47 (8)：913－925.
[39] 刘博，王明烁，李永．深度聚类算法研究综述 [J]. 北京工业大学学报，2021，47 (8)：926－942
[40] 侯志松，冀金泉，李国厚，等．集成学习与迁移学习的作物病害图像识别算法 [J]. 中国科技论文，2021，16 (7)：709－716.
[41] 兰红，方治屿．零样本图像识别 [J]. 电子与信息学报，2020，42 (5)：1189－

1202.
[42] LIU Chenxi, ZOPH B, NEUMANN M, et al., Progressive neural architecture search [C] //The 15th European Conference on Computer Vision. 2018: 19-35.
[43] SUNG F, YANG Yongxin, LI Zhang, et al., Learning to compare: Relation network for few-shot learning [C] //The IEEE/CVF Conference on Computer Vision and Pattern Recognition. 2018: 1199-1208.
[44] 赵升，赵黎．基于双向特征金字塔和深度学习的图像识别方法 [J]. 哈尔滨理工大学学报，2021，26（2）：45-51.
[45] 王雪松，荣小龙，程玉虎等．基于自适应多尺度图卷积网络的多标签图像识别 [J]. 控制与决策，2021（6）：1-9.
[46] 苏树智，谢军，平昕瑞等．图强化典型相关分析及在图像识别中的应用 [J]. 电子与信息学报，2021（5）：2-8.
[47] 刘慧力，贾洪雷，王刚等．基于深度学习与图像处理的玉米茎秆识别方法与试验 [J]. 农业机械学报，2020，51（4）：208-216.
[48] 周惠汝，吴波明．深度学习在作物病害图像识别方面应用的研究进展 [J]. 中国农业科技导报，2021，23（5）：61-68.
[49] 马玉琨，刘子琼，张文武．多特征融合的农作物病害图像识别 [J]. 河南科技学院学报，2021，49（4）：45-52.
[50] 王晓慧，周昆鹏．自然环境中的红色番茄图像识别方法研究 [J]. 浙江大学学报（农业与生命科学版）2021，47（3）：395-403.

第 2 章　茶叶病虫害及其远程监测与识别技术

2.1　引言

茶叶作为我国主要的经济作物之一，其种植面积与茶叶年产量均长期居世界第一位。茶叶是由茶树的芽和叶经过加工而成，含有茶多酚、咖啡碱等多种对人体有益的化学成分，具有提神、降压、保健等功效。茶叶种类繁多，品质各异，一直受到各类人群的喜爱。近些年来，由于生态环境的变化，茶叶病虫害种类增多，危害程度持续扩大，不但影响茶树的观赏价值，而且严重危害茶叶的生长和生产质量，造成巨大的经济损失。目前，有记载的茶叶病害约 500 种，我国约有 130 余种，其中较常见的有 30 余种。常见的茶叶虫害约有 900 余种，如茶尺蠖、茶小绿叶蝉、茶银尺蠖、茶毛虫、茶刺蛾等，在我国各个茶区都有广泛的分布[1]。根据病害发生部位，茶叶病害可分为叶病、茎病和根病，其中茶树叶片作为茶叶的产出和收获部位，逐步成为影响茶叶生产和茶农经济收入的关键因素。从发病原因来看，茶树叶部病原菌主要为真菌，真菌以菌丝体寄生在叶片组织中吸收营养，经过一定阶段的生长后进入繁殖阶段，进而危害叶片的正常发育。此外，由于大叶种茶树茶叶质地柔软，叶片较薄，比小叶种茶树更易感病，目前在茶区有扩散的趋势。茶树上常见的重要叶部病害包括茶炭疽病、茶饼病、茶白星病、茶轮斑病、茶云纹叶枯病和茶芽枯病等[2]，会导致叶片枯黄、脱落及部分缺失，造成茶叶成品的品相与口感下降。

茶叶病虫害近些年在各产茶区有加重的趋势，每年造成的损失占年产值的 10%～15%，目前病虫害的防治主要依靠人工进行，由管理人员或植保专业人员在茶园现场进行观察和判断，防治效果依赖相关从业人员的经验和知识。茶叶病虫害的防治一般会从两方面进行，一方面是加强病虫害的绿色防控手段，利用天敌、灯诱等手段控制病虫害。另一方面是施以各类农药，直接对病菌和害虫进行杀灭。无论采用哪一种防治措施，准确地识别病虫害的种类，是一个非常关键的问题。在茶叶生产管理过程中，采用物联网、图像处理、人工智能技术构建针对病虫害的远程监测与识别技术，对病虫害进行及时、准确识别并推荐科学合理的防治措施，以尽量减少用药剂量，提高茶叶的产量和质量具有重要的研究价值和现实意义。但从实践效果来看，目前茶叶病虫害自动识别及防治体系的构建面临着成本高，样本数据库少且病虫害图片种类少，识别精度未能达到实际种植要求等现实问题，相关的技术仍待进一步的发展与完善。

2.2 茶叶常见病害

目前常见的茶叶病害主要有茶炭疽病、茶饼病、茶网饼病、茶轮斑病、茶云纹叶枯病、茶白星病、圆赤星病、茶煤病、茶芽枯病等。茶炭疽病在我国各茶区均有发生，主要发生在成叶上，易导致茶树出现大量枯焦病叶。茶饼病在西南茶区的高山茶园发病程度较重，主要发生在茶树嫩叶上，形成疱斑。茶白星病和茶圆病主要发生在我国华东、西南各省的高山茶园，在低温高湿条件下危害严重。茶网饼病在全国各产茶区均有发生，主要危害成叶，降低茶叶质量。茶轮斑病在全国各茶区均有发生，会导致大量落叶现象。茶芽枯病是由叶点霉属的真菌引起的病害，其病原微生物区系较为丰富，可导致茶叶新芽呈褐色焦枯状，对我国不少地区的茶园造成了严重威胁。在海拔较高的产茶区常以茶饼病、茶白星病、茶圆赤星病等低温高湿型病害为主，主要危害茶嫩叶，造成落叶现象。在我国南方热带和亚热带茶区茶根腐病、茶黑腐病、茶线腐病的危害较为严重。随着我国茶区对氮肥的大量使用，显著改变了茶树内的氨基酸组成，使茶叶组织结构柔软，更有利于病菌的侵染，使得叶病的数量明显增多。在我国南方等地，成叶、老叶病害以茶云纹叶枯病、茶轮斑病、茶炭疽病、茶褐色叶斑病、茶煤病、茶赤叶斑病等较为常见，其病叶易脱落，致使树势衰退[3]。

茶叶茎部病害已发现约有 30 种。各茶区普遍发生的主要种类有茶枝梢黑点病、茶胴枯病、茶灰色膏药病、茶枝黑痣病和茶树苔藓和地衣。西南茶区还有茶枝癌病。华南等地和安徽、湖南有茶红锈藻病、茶黑腐病和茶线腐病。茶叶根部病害已记载的有 30 种以上，主要种类有茶苗根结线虫病、茶苗白绢病、茶根腐病等，会导致茶树全株枯死。成龄期根病，包括红根腐病、褐根腐病、黑纹根病以及紫根腐病[4]，会导致茶树落叶、枯萎，失去生产价值。常见的茶叶病害外观见附录彩图一。

茶叶病害一般是由各类病原菌引起的，而引起茶叶病害的病原菌不是单一的病菌，病害类型主要有拟盘多毛孢属真菌引起的茶叶灰叶斑病，叶点霉属真菌引起的茶叶叶斑病和刺盘孢属或盘长孢属真菌引起的茶叶炭疽病。根据不同月份对茶叶叶部病害的病原菌进行分离并总结其发生概率，采集不同月份的茶叶叶部病害样品分离出的病原菌分离率存在显著的差异。在我国南方地区，3 月茶叶发芽初期病原菌分离率为叶斑病强于炭疽病，炭疽病强于灰叶斑病。但随着温度的上升和茶树植株的生长，炭疽病菌的分离率降低，灰叶斑病和叶斑病的分离率有所提高，成为主要致病菌。与此同时，病原菌的分离趋势也会有微小变化，叶斑病会强于灰叶斑病，灰叶斑病强于炭疽病。而在每年的 7 月到 9 月这个时间段，随着气温开始升高，梅雨天气的到来使茶区的温湿度更适合病原菌的发展与侵染，茶叶炭疽菌对茶叶新叶的侵染开始增加，使其开始成为田间的优势菌株，同时抑制了其他病原菌的生长，导致灰叶斑病和叶斑病的发病率有所降低。由于环境条件也有利于拟盘多毛孢属真菌引起的灰叶斑病的发生，因此灰叶斑病的发病率也在稳定增加。到了 11 月份以后，随着气温的下降，茶树老叶较多，炭疽菌引起的叶斑病的数量也会随之增加。然而不同季节的叶部病害调查结果显示，虽然由不同的致病菌引起茶叶的叶部病害发病规律有所不同，但是整体分离率最高的为刺盘孢属和盘长孢属真菌引起的炭疽病[4][5]。

因此，针对茶叶病害的预防，一方面应采取以加强茶园管理为中心的综合防治措施，强化绿色防控，加强对茶树苗木的检疫，增强对茶场无病区和新区的保护。另一方面，应加强茶园的日常管理，采取善管肥水、适时适度台刈或修剪、合理采摘、摘除发病枝叶、勤除杂草、清理遮阴树和野生茶株等一系列措施，增强茶园通透性，促使茶树新梢生长壮旺，使新梢抽生期避开病害的盛发期，或在病嫩梢叶的子实体尚未长出之前就摘下，从而有效减少再侵染源，降低发病强度和范围。此外，在茶叶病害较为严重时，还应积极采用药剂对病害进行控制，使用有针对性的药剂进行喷洒。

2.3 茶叶常见虫害

近些年来，随着气候的变化及种植方式的调整，茶叶虫害种类越来越多，危害越来越大。据统计，目前常见的茶叶虫害有900余种，每年给茶产业造成了巨大的经济损失。全国各产茶区典型的虫害有以下几类：①尺蠖类；②茶娥类；③蝉类；④虱类。其中尺蠖类虫害的危害较大，该虫主要危害包括成虫、若虫刺吸茶树嫩梢汁液，雌成虫产卵于嫩梢茎内，导致茶树生长受阻，出现被害芽叶卷曲、硬化，叶尖、叶缘红褐焦枯等现象，落叶和死叶明显增多，导致茶叶产量下降，质量降低。蝉类害虫的成虫会吸取茶树植株的汁液，并将虫卵产在嫩枝上，同时会截断茶树枝条的韧皮部，导致树枝缺少水分和养分，叶片脱落后严重影响茶叶产量与品质。虱类害虫的幼虫会聚集在叶背，不断吸食叶片汁液，并排泄蜜露，进一步诱发煤烟病。多数情况下，被害的枝叶会发黑发黄，严重时可导致叶片大量脱落，导致树势衰弱，严重降低茶叶的品质。螨类害虫，比如茶橙瘿螨，其主要危害是以成、若螨吸食成叶及嫩叶汁液，致使被害叶片呈现黄绿色，主脉变红褐色，失去光泽，叶背则会出现明显的褐色细斑纹，导致茶树芽叶萎缩[5]。

根据危害部位与方式来分类，茶叶虫害可分为食叶类害虫、刺吸类害虫和钻蛀类害虫。食叶类害虫属于鳞翅目害虫，主要品种有茶袋蛾、茶长卷蛾、茶白毒蛾、茶毛虫、茶尺蠖、云尺蠖、茶黑毒蛾、斜纹夜蛾等，这类害虫主要是幼虫取食叶片，造成叶片空洞或者缺失，从而影响茶树的长势，造成茶叶质量下降。茶小卷叶蛾、茶长卷叶蛾这类害虫的幼虫会在叶片上吐丝和啃食叶肉，导致叶片只剩下一层表皮，严重时造成茶树叶片焦黄枯褐，芽梢及植株生长受到抑制，茶叶产量及品质下降。还有一类鞘翅目害虫，主要是成虫啃食茶树叶片和嫩梢，幼虫钻蛀土壤危害茶树的根部。对茶园危害较大的刺吸类害虫主要是螨，主要啃食嫩叶，对茶叶品质危害较大[5]。

刺吸类害虫主要有咖啡小爪螨、茶橙瘿螨、茶叶瘿螨、茶跗线螨、茶短须螨等类型，这类害虫主要是成、若螨刺吸茶树叶片汁液，使叶片逐渐失去光泽，严重时会导致叶片脱落，影响植株长势及产量。还有一些蝽类，如茶网蝽、长肩棘缘蝽这类害虫主要是成、若虫刺吸植株叶背汁液，造成叶片背面产生白色的小斑点，使植株叶片生长受阻。另外一些蝉类和蚜类，如假眼小绿叶蝉、茶小绿叶蝉，这类害虫主要是成、若虫刺吸茶树嫩梢汁液，影响芽梢正常生长。蚜类害虫，主要是成、若虫刺吸嫩梢汁液。此外，粉虱类害虫，主要是成、若虫刺吸叶背面汁液，分泌蜜露并诱发煤污病，影响茶叶的产量及质量[5][6]。常见的茶叶虫害见附录彩图二。

针对茶叶虫害的防治，目前首先是采用生物防治，即有针对性地改善生长环境，培育天敌。其次是喷洒农药或使用光、声等人工诱导手段进行捕杀。也可培育抗虫害茶树品种并加以推广，提高茶叶对虫害的抵抗力。但是对茶叶害虫的监测和识别主要是依靠人工实现，对知识和经验要求较高，且缺乏实时性，防治的效果也存在一定的滞后期。

在茶叶虫害的防治过程中，一方面要优化品种选育，推广种植抗病虫害的茶树品种，从加强新茶园开垦或改换茶树的品种，推广绿色防控减少农药用量等方面着手。茶树在长期栽培驯化过程中，已经进化出多种防御机制来抵御外来有害生物的入侵，这些机制包含忌避性、抗生性和耐害性，当有害生物危害茶树后，这些机制会诱导茶树自身产生次生代谢化合物或他感化合物，其功能可趋避或拒斥害虫前来取食或产卵。茶树这种机制在减少杀虫剂的使用、确保环境生态安全方面具有十分重要的意义[5]。因此，加强抗病虫害新品种的培育，推广抗病虫害茶树品种，对优化品种结构，增强茶叶质量，具有十分重要的意义。另一方面，在防治茶叶虫害时，可以强化物理防治手段，利用茶树、害虫、天敌三重营养链间的种间或种内的化学气味通信原理，采用人工诱导和模拟技术对害虫的行为进行针对性调控和茶树抗性诱导来达到有效防治的目的。此外，很多情况下，特别是害虫的危害行为较为严重时，积极采用化学防治手段，如农药、喷剂等。在这种情况下，选择高效、低毒、低残留的化学药剂，是茶园虫害防治过程中选择化学农药手段的前提条件。例如针对叶蝉类害虫可选用茚虫威、溴虫腈、菊酯类低毒性药剂来进行喷洒防治。而对丁蚧类害虫在防治时可选用溴氰菊酯、亚胺硫磷、喹硫磷等药剂，效果较好，同时对环境的影响也较小。针对茶叶螨类害虫可选克螨特、四螨嗪、哒螨灵等药剂来防治。而刺蛾类害虫选用氯氰菊酯、辛硫磷和烟碱类药剂来防治，见效较快，防治效果也较好。

值得指出的是，随着食品安全问题的日益突出和对环境保护的重视，在加强对茶园害虫防治的同时，人们越来越多地选用生物防治方法，常见的生物防治方法主要有三种。一是利用昆虫天敌和寄生蜂可以有效控制茶园害虫，茶园天敌主要有蜘蛛、瓢虫、草蛉、蝎蛉、螳螂、蠼螋、寄生蜂、捕食螨等，对茶小绿叶蝉、螨类有较好的防效。二是利用有益微生物源农药诸如白僵菌、绿僵菌、茶尺蠖 NPV 病毒、茶毛虫 NPV 病毒等制剂来控制茶尺蠖及茶毛虫等。三是采用一些植物源生物农药来控制茶叶害虫，如苦参碱、鱼藤酮、天然拟除虫菊素、苏云金芽孢杆菌等，对茶毛虫、茶尺蠖、茶刺蛾等茶树害虫有较好的控制作用[5]。总体而言，应根据茶叶虫害的种类和危害程度综合选择防治手段，同时也必须兼顾环保与成本因素。从防治效果来看，强化绿色防控，辅以生物药剂实施精准防控，可以较好地抑制茶叶虫害的发展，同时将对生态环境的负面影响降至较低的水平。

2.4 茶叶病虫害远程监测与自动识别

我国是一个茶叶生产大国，在茶叶生产中，病虫害一直是茶叶生产面临的重要问题，病虫害及时有效的防治是保证茶树正常生长发育并获得茶叶高产的关键因素。随着现代农业技术的进一步发展，特别是智慧农业的兴起，针对病虫害自动检测和识别的系统应运而生，应用人工智能、图像处理等技术在一定程度上能够实现对茶叶病虫害的实时监测与识别，并能对病虫害发生原因进行分析，对病虫害的发生趋势进行预测，代表了未来智慧茶园的发展方向。

实现茶叶病虫害的远程监测和自动识别，首先应构建一个基于农业物联网的病虫害监测系统，该系统前端应涵盖高清摄像头、多光谱视频采集、土壤、气候传感器及害虫诱捕装置，后端应配置有数据传输、预处理、存储、分析等软硬件设备，并采用图像识别或专家系统对采集到的各类数据进行存储、分析、识别和发布。在此基础上，不断完善茶叶常见病虫害数据库及样本库，持续优化病虫害识别模型，进一步提高病虫害的监测与预警能力。目前的病虫害识别技术主要是基于人工智能技术，如深度学习网络、支持向量机、BP神经网络等设计与实现针对特定病虫害的识别算法，实现茶叶病虫害的智能识别与分析，为茶叶种植人员和管理人员提供决策支持。

国内外很早就开始研究基于图像的病虫害智能识别和诊断技术并在病虫害防治中积极应用，取得了一定的成果。有学者[7][8]在农作物病虫害识别系统中尝试了人工智能的方法，设计了基于人工神经网络的识别模型对病虫害进行分类，取得了较好的识别和预警效果。还有学者[9]研究了果园病虫害自动识别或诊断算法在农业病虫害测报中的可行性，对傅里叶变换幅度谱图进行多重分形分析及多重分形谱的二次拟合，将拟合抛物线段的高度、宽度和质心坐标作为病虫害特征值，建立基于BP神经网络的椪柑病虫害识别模型来进行病虫害识别。该实验中，对椪柑蓟马、花潜金龟子、吸果夜蛾、侧多食跗线螨、椪柑炭疽病5类病虫害有超过85%的识别效果，具备了一定的实际应用价值。许良凤等[10]对采集的叶部病害图像的病害区域分别提取颜色、颜色共生矩阵和颜色完全局部二值模式3种特征，并相应地构建了3个基于支持向量机的单分类器，利用K近邻和聚类分析方法计算各单分类器的自适应动态权值，并通过线性加权的方式进行融合判决，得到最终的分类结果。为验证该方法的有效性，对7种常见的玉米叶部病害图片进行了试验，平均识别率达94.71%，达到了预期的设计精度。

现有的农业物联网系统中采用有线或无线信道传输视频图像到服务器，是为了实现病虫害图像的自动采集与远程存储，但由于终端设备的不可移动性，只能针对某个有限区域内的茶叶病虫害进行定位拍摄。同时该方法受通信成本、传输速率的限制，视频或图像的分辨率不高。对此，有学者[11]提出并实现了一种采用Wi-Fi和3G/4G网络的病虫害视频监测系统，采集的实时视频图像分辨率足以支撑对病虫害的精确识别。类似地，熊迎军等[12]用改进的离散余弦变换减少了图像压缩的运算量，并对压缩后的图像进行数据分组和校验，在保证图像质量的同时，提高了数据传输的可靠性。刘涛等[13]分析了病害交界特征参数、病害识别流程对提高病害识别准确率的影响，实现了对水稻叶部15种主要病害的准确识别，尤其是针对相似病害的判断方法，对设计针对茶叶病虫害自动监测与识别系统具有较强的参考意义。

目前国际上对茶叶及其他相关农作物的病虫害研究主要集中在视频数据的采集与实时传输、视频图像处理、病虫害分析分割、特征分析、分类模型等方面。在远程视频监测中，注重病虫害发现、鉴定、危害损失测定、风险评估等关键环节[14][15][16]，针对每一个环节都开发了较为实用的技术，如数据压缩、去噪、目标检测与识别等关键技术，提高了病虫害识别系统的可操作性和实用性，同时也非常重视系统的推广与应用，积累了大量的经验。Chunxia Zhang等[17]对病虫害监测系统的视频采集节点进行了优化，在降低成本的同时，显著提高了系统的鲁棒性，为后续的病虫害目标检测与预警奠定了良好的基础。

当前的茶叶病虫害监测和识别体系中，尚无病虫害远程监测与识别系统的大规模实际应用案例，基于人工智能技术的茶叶病虫害识别算法更多地停留在实验环节。如何从病虫害实时监测的角度出发，研究和应用精度更高、覆盖面更广、使用成本更低的数据采集和识别算法，实现及时、准确、便捷的病虫害实时监测和预警，已成为当前茶叶病虫害监测与识别领域的一个重要研究方向。过去几年在识别算法开发过程中主要利用了传统的人工神经网络及支持向量机、贝叶斯模型、卷积网络等技术，并结合农业物联网的温度、湿度、土壤传感器及4G或Zigbee等技术。该类技术对节点信息处理能力要求很高，同时现有的病虫害图像数据库也难以满足模型训练要求。在现有病虫害样本数据库支撑的条件下，使用基于深度学习、宽度学习的技术设计病虫害识别或分类系统，是当前病虫害识别技术的重点研究内容。此外，数据采集节点功耗较大，监测系统的环境适应能力差、成本高，很难满足实际的茶叶病虫害视频监测所提出的具有较高的鲁棒性、稳定性，成本低且易于大范围布设的要求，相关的数据采集、处理、数据存储、挖掘算法等有待于进一步的研究。

2.4.1 茶园数据采集系统

2.4.1.1 体系结构

茶园数据采集系统主要是为茶叶病虫害远程监测和防控技术展开研究和开发打下基础。该系统的基本功能是通过物联网、计算机网络及大数据技术构建茶园土壤、气候、病虫害等实时数据采集系统。并以视频图像、数值、字符等类型的信息传输至数据存储设备，进行预处理、去噪、存储等操作，为进一步的数据分析和图像识别研究和应用打下基础。相应的体系结构如图 2-1 所示。

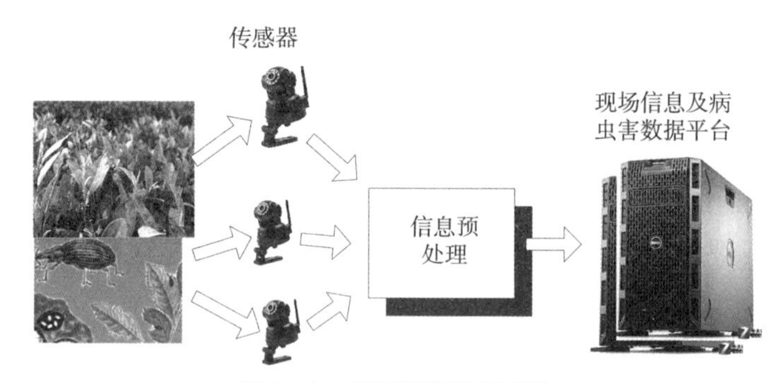

图 2-1　茶园视频监测系统

目前针对茶园信息采集系统的研究主要围绕两方面的内容展开，一是研究土壤及病虫害信息采集和实时传输技术[18]。即设计和开发新型传感器，研究和开发对茶园现场的病虫害及环境信息，如温度、湿度、露点、土壤成分等进行实时测量与监测的技术，搭建茶园信息采集系统。现有的传感器在成本、功能等方面与实际应用有一定的差距，因此开展新型传感器的研究和开发是一个重要的研究方向。二是研究数据存储架构及预处理算法。采集到的数据将首先在现场进行去噪、归一等预处理，再通过无线网络传输至服务器中的数据库进行存储，为构建茶叶大数据平台打下良好的基础[19]。此外，数据的高效编码及传输技术也是一个重要的研究内容，现场采集的数据涵盖了数值、字符、图像、视频等内容，如何高效地编码并传输，降低对网络带宽、容量等的要求，也是数据采集系统设计与应用中的一个具有挑战性的问题。目前，针对数据预处理算法、图像与视频高效编码、节点能耗优化等进行研究，构建高效、低成本的数据处理和传输系统已有较多的研究成果[19]。

根据病虫害防治的需要，茶园病虫害防治系统应包含病虫害、土壤、病理、长势、识别模型、样本库等相关数据的监测、采集及分析功能。针对茶叶病虫害检测，主要是基于各类智能识别算法，在数据采集端使用可见光或多光谱的摄像头、无人机等采集设备，在处理端依赖样本库及相应的识别模型，完成病虫害的监测、识别与预警。从体系结构的角度分析，应配置相应的数据存储与传输系统。此外，为掌握病虫害发生的规律，还应安装相关的气候、土壤、长势等环境监测传感器设备。目前针对茶园环境监测的传感器类型较多，常用的有温湿度、光照、二氧化碳、土壤成分等传感器。总体上，针对茶园现场环境感知的各类传感器技术和产品相对成熟，但由于茶园的环境多变，会导致传感器在高、湿、热或低温环境下的稳定性与可靠性受到一定的影响，且在工作过程中易受成本和供电等因素的制约，在茶园中大规模应用时存在一定的困难。因此，开展稳定可靠、成本低、能耗小的茶园环境传感器的研究与开发已成为农业物联网的一个重要内容。

土壤信息与病虫害的发生有密切关系，如何准确收集土壤信息也是病虫害检测与分析系统的一项重要功能。土壤信息一般包括含水量、氮、磷、钾、有机质以及各种矿物质成分，传统的土壤理化及养分分析需要采样后在实验室进行分析，费时费力，且实时性较低，成本较高，难以覆盖大范围的茶园现场。目前土壤水分和养分检测，可以采用近红外光谱实现对土壤中有机质、磷、水分、钾、酸碱度、有机碳、矿物质等成分的检测，还可以使用可穿透光谱实现对不同深度土壤有机物、磁悬浮颗粒含量的检测。此外，随着环保意识的增强，针对茶园土壤重金属检测和土壤农药残留检测也越来越受到重视。土壤农药残留是造成环境污染问题的重要根源，由于农药残留含量极低，常规光谱技术难以满足检测需求。目前针对土壤农药残留的检测方法需要现场采样带回实验室检测，过程较为复杂，且需依赖复杂的仪器，难以实时检测和推广应用。营养与生理检测也成为智慧茶园建设的一项重要内容，营养与生理指标是评价与监测茶叶生长的关键技术参数，快速、准确地获取生理和营养信息，有助于提高茶园管理的精确化、数字化、智能化管理水平。采用数字图像处理技术、近红外光谱、高光谱等手段对农作物中氮、磷、钾、丙二醛、可溶性蛋白质、植物色素等成分进行分析[30]，能够综合评估茶叶生长发育状态，探索病虫害的产生与发展规律，有利于茶叶病虫害的科学防治。

基于茶园现场病虫害数据采集与处理技术，在现有茶叶病虫害样本数据库的基础上，研究和开发茶叶病虫害大数据平台，解决茶叶病虫害样本处理与存储，包括数据的深度清洗、规范化处理及大数据存储架构的搭建和完善，有利于识别算法进行训练和识别操作，为专家系统的建立提供条件，是当前研究较多的一个内容[20]。总体上，茶叶大数据平台可为病虫害监测、识别、专家系统设计等提供支撑，是智慧茶园建设的一个基础性内容。

2.4.1.2 关键技术

总体上，目前茶叶数据采集系统研究中主要涉及以下几类关键技术。首先是以无人机为代表的新型监测平台。随着无人机技术的进步，通过在多旋翼无人机上安装可见光和多光谱摄像机，能够实时采集现场茶树生长状况、水资源、土壤墒情、病虫害、布局、植被等的高分辨率信息，为下一步的数据处理与分析提供良好的条件。目前基于无人机的数据采集技术已较为成熟，可充分发挥无人机覆盖范围广、图像质量高、成本低的优势，实现对茶园现场环境的实时监测。其次是茶园生态环境采集、远程互动视频系统和信息制作与发布技术。这些技术目前尚未进行大规模应用，难以有效地满足涵盖土壤、气象、病虫害发生信息交流、分析处理、监测预警和情报发布等方面需求[21]。其原因主要是农业物联网、NB、5G、机器学习等技术在茶园智慧化建设中的应用规模普遍较小，成本较高，且缺乏统一的数据处理平台，只能局限于小型场地。

此外，受限于成本、处理算法及数据挖掘等技术应用场合的限制，当前农业物联网平台的功能较为单一，主要的应用系统有温室大棚温湿度控制系统、小型智能灌溉系统、智能监测检测系统等。这些系统虽然部署了大量的传感器，但系统内的传感器类型较为单一，数据处理方法滞后，数据的有效利用程度不高。此外，受茶产业发展现状的限制，当前茶叶管理大都还采取未成规模、未成体系的生产方式，很难满足智慧茶园的相关要求。从智能程度来进行分析，当前茶园物联网系统的智能化水平局限于简单的参数测量与调控，如根据当前环境控制温湿度、病虫害发展现状、光照强度等的数据对相关终端设备进行控制，且大部分物联网平台仅仅采集较小规模的数据，只能简单地将数据应用到控制系统，实现简单的调控功能，缺乏数据的深度加工与利用。虽然物联网技术与茶园的管理结合越来越紧密，通过物联网平台收集的各类数据越来越多，但各种传感器的差异性导致数据种类繁多且结构复杂，数据标准不统一，加大了数据存储和开发利用难度，导致在实际生产过程中，由于缺乏对数据的统一管理意识，各种数据自成体系，呈孤岛式发展[22][23]。

2.4.2 茶叶大数据平台

在构建数据采集系统的基础上，针对已采集到的生态环境及病虫害数据，设计合适的存储架构及识别、挖掘算法是建设茶园大数据平台的主要目的。目前，常用的方法是对 Hadoop 的技术扩展和封装，围绕以 Hadoop 为基础的大数据挖掘技术，构建茶叶大数据平台。进而设计和实现针对茶叶大数据的识别与挖掘算法，实现对大数据的存储和分析利用。在此基础上，开发数据预处理与存储技术，完成对茶树生长、病虫害、土壤、生态环境、水文数据的深度清洗算法及大数据存储架构的搭建和完善，进而构建各类应用系统，其体系结构如图 2-2 所示。

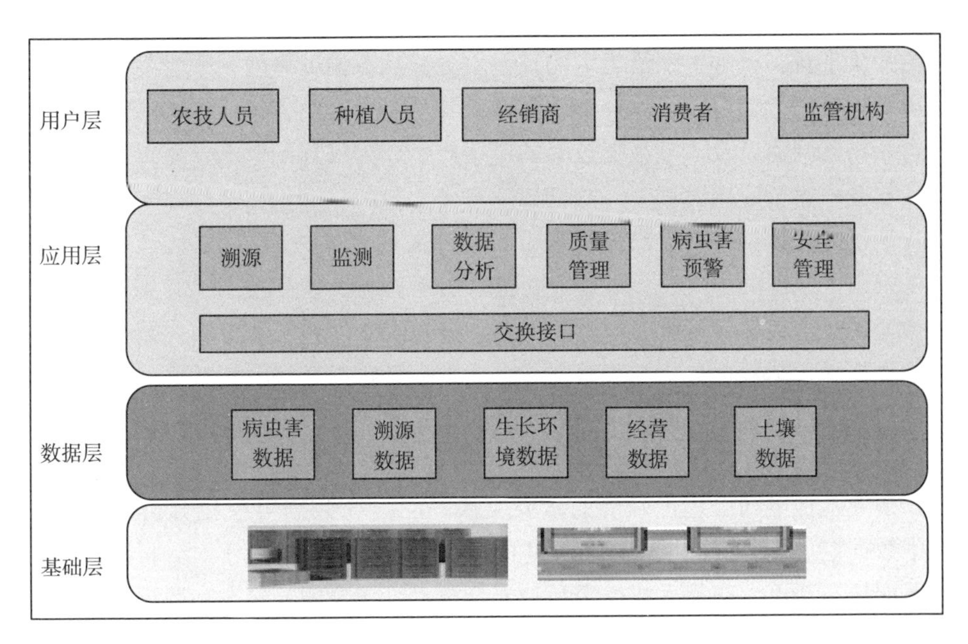

图 2-2 茶叶大数据平台体系结构

从图 2-2 可以看出，茶叶大数据平台由基础层、数据层、应用层和用户层等四个层次构成。基础层提供数据采集、存储、处理等能力，包含基于 Hadoop 的大数据系统软硬件基础。数据层和应用层实现对数据的管理，包括各类数据的预处理、去噪、脱敏、分析及挖掘等。用户层为茶叶大数据平台及各类应用系统的使用人员。从功能结构的角度来看，茶叶大数据平台提供了针对茶园生态环境、病虫害、土壤、水资源数据的标准化及脱敏方法，以方便各类应用系统使用基于人工智能的各类模型进行训练和识别操作，为茶叶病虫害监测、生态环境评估、质量安全追溯、精准生产与管理决策系统的建立提供基础条件[24]。此外，针对茶叶病虫害与生长环境进行实时监测，构建统一的茶叶大数据标准，便于数据的交互、共享和挖掘，也是茶叶大数据平台具备的主要功能。

从数据处理的角度来看，茶叶大数据平台产生的数据类型十分复杂，数据量也十分庞大，具体涵盖了传感器数据、RFID 数据、二维码、视频、图片等各类数据。可以考虑将大数据、云计算、边缘计算与农业物联网技术相结合，构建数据云，能够降低成本，节约资源，提高生产和管理效率，推动智慧茶园的建设。此外，作为一种新型计算模式，云计算、边缘计算可在靠近现场环境或数据源头的网络边缘侧，采用融合网络、计算、存储、分析及挖掘等核心功能的开放平台，就近提供最近端的计算服务。从数据处理效率来看，将云计算和边缘计算进行结合能够有效解决茶叶病虫害监测的时效性和趋势分析问题，对农业物联网建设及人工智能技术的应用产生较为深远的影响，可以考虑在茶叶大数据中进行应用尝试。

从茶叶大数据平台建设流程来看，茶叶大数据的关键技术包含以下四类：一是茶园大数据的采集、预处理、存储、分析挖掘、管理技术，其中数据存储与预处理技术包括云计算、MapReduce、分布式文件系统和分布式数据库，分析挖掘技术包括数据分析与决策。二是大数据计算与挖掘分析技术。数据挖掘技术包含了机器学习、深度学习和资源管理技术等，其中深度学习是当前大数据技术主要研究和应用热点之一。本质上，深度学习是机器学习的一种实现方法，是人工神经网络理论发展的重要突破。三是大数据可视化分析与呈现技术。数据挖掘与分析的结果以可视化的方式进行展示，有助于对分析结果进行效果评估与对比。四是大数据隐私与安全技术。包含网络安全和数据安全，是大数据平台发挥作用的基本前提。

目前在研究农业大数据及其应用系统架构时缺乏标准化建模手段。如能有效构建农业大数据参考模型，有助于提高大数据精准服务平台开放性，便于创建第三方应用。现有的研究工作集中解决以下两方面问题：一是针对现有茶园大数据平台和系统间的集成和共享较为困难，缺乏开放性和有效的管理和审核机制，难以进行融合和挖掘。通过对茶叶大数据生命周期、功能模块和系统架构进行建模，可以为茶叶大数据平台的建设提供从需求分析、数据采集、应用系统融合、数据共享等方面的技术支撑。二是针对茶叶大数据的数据共享与开放问题，深入研究和开发大数据生命周期、功能模块和系统架构概念模型，以明晰对象的类型及其关系，提高数据共享水平。从当前的工作来看，在茶叶病虫害防控体系中，以数据分析及挖掘技术为支撑，实现数据分析与挖掘技术在病虫害监测及防控决策中的高效而广泛的应用，是当前的一个重要发展方向[25]。

2.4.3 茶叶病虫害数据采集及自动识别

茶叶病虫害数据采集及自动识别体系的基本结构如图 2-3 所示。

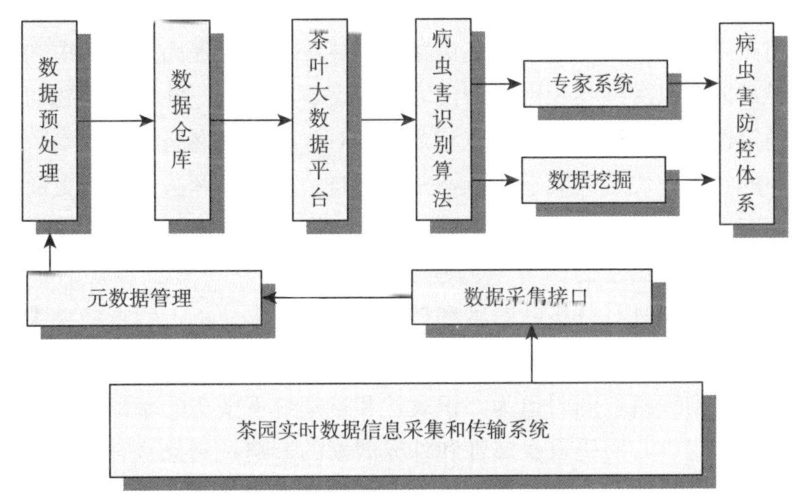

图 2-3 茶叶病虫害自动识别体系

茶园现场数据采集完成后，通过数据接口传输至数据管理层，完成元数据处理、脱敏、去噪、分类后存储于数据仓库，形成茶园大数据平台。该平台完成数据的维护与管理功能，为运行病虫害识别及预警系统提供数据源及 API 支持。目前性能较好的病虫害识别算法是基于深度学习网络的识别算法，但对训练样本的数量与质量要求较高，同时对训练与运行平台的运算与存储资源有很高的要求。因此，建设茶叶大数据平台是构建病虫害远程监测与识别体系的前提条件。在此基础上，可进一步设计病虫害识别专家系统和数据挖掘模块，进而完成茶叶病虫害的防控体系的构建。

目前在图像识别领域，基于深度学习的茶叶病虫害识别算法的性能较好，应用也较为广泛，具有较大的发展潜力。茶叶病虫害识别算法就是在给定的数据平台的前提下，提供准确率更高的病虫害识别能力，并结合茶园生态环境信息，给出病虫害防控方案供管理人员参考。通常情况下，应充分利用茶叶大数据平台中病虫害图像资源，优化识别模型，得到更高层的语义特征，进一步发挥深度学习在模型构建、识别准确率等方面的优势[26]。从构建智慧茶园的角度来看，茶叶病虫害远程监测系统中的识别与诊断模型设计与优化仍是一个较为困难的任务，因为目前并无完备的病虫害数据库。一般来讲，模型的设计是在实现针对病虫害特征提取算法的基础上，设计并训练茶叶病虫害诊断模型，由于受到自然环境的影响，茶叶病虫害在其生命周期中形态多变，模式各异，难以构建完整的病虫害及其特征数据库，这对设计后续的识别模型是不利的。

目前在一些文献中，在设计病虫害识别算法时，为提高病虫害识别模型的精度，经常采用以深度卷积网络为代表的深度学习方法，并根据问题的输入和输出，确定选择的模型参数，研究和开发针对深度神经网络模型的参数优化方法，以小的卷积核代替大的卷积核，并改进自适应优化算法，自动更新学习速率，能够有效地提高茶叶病虫害识别的精度。同时根据后续的数据挖掘与专家系统的要求，在病虫害防治专家的建议和指导下，获得病虫害防治领域的知识，再对这些知识进行分析、归纳和整理，结合需求分析，明晰病虫害知识的主要概念和关系，建立能对知识进行有效分析处理的机制，可以为专家系统设计性能更好的推理机，同时也为知识表达和推理打下坚实的基础[27][28][29]。

在实际应用中，因受自身属性和外界因素的影响，对象状态也呈现出复杂的空间和时间差异性。多数识别算法与模型都是基于单变量时间序列的，即只能利用某一类信息源的单变量时间序列信息，并不能充分利用已有的多源信息。为了解决上述问题，一些学者尝试将数学中交互多模型、多算法技术与多传感器信息融合技术有机结合，通过同时对多源信息进行综合处理，精准识别对象的状态信息，从而获得一个能代表对象状态的综合信息。也可以采用模型传递技术，将在特定条件下建立的计算模型，通过一定的数学方法使其可应用于不同的样品状态、环境条件或仪器条件，该技术是解决数据通用性的关键技术，具有很大的应用潜力[27]。此外，针对茶园数据采集物联网应用复杂多变的特点，可以考虑进行复杂系统的参数化建模或采用多模型融合的方法建立模型传递系统。值得指出的是，复杂系统的参数化建模通过变量的筛选、微分、小波变换、傅里叶变换等预处理方法和增加扩充校正模型以及稳健回归等方法，扩大模型的应用范围，使模型能够适应不同的对象，但是这需要大量时间计算模型的动态参数，检验模型的精确性和适应性。而多模型融合通过对最优融合后得到的最终状态进行估计，可有效提高模型适应能力[30]。

基于茶叶大数据平台，可进一步构建茶叶病虫害分类及等级划分模型。能够从研究土壤指标、水土流失、茶树生长、病虫害等的相关性出发，运用关联分析来揭示生态环境与病虫害发生规律、生长之间的耦合关系[28]。在此基础上，建立茶树生长状况监测及病虫害监测与防控体系，有助于构建生态环境评估、质量安全追溯、病虫害综合防治系统，寻求生态环境保护与茶叶增产提质的平衡点，这也是当前智慧茶园建设中的一个关键问题。

2.5 发展趋势

茶叶病虫害远程监测与识别技术的进一步发展应从传感器、识别模型、数据融合、茶叶大数据平台构建、病虫害样本库建设等方面着手，重点提高数据采集、分析、处理能力。针对病虫害、土壤、生态、茶树长势等的数据的采集精度与实时性，应进一步发展新型农业传感器，不断丰富其功能。本质上，未来病虫害监测系统的发展离不开传感器的丰富和数据处理手段的完善，目前比较成熟的农业用传感器主要为常规环境下的传感器，信息采集类型与适应能力较为单一。研究和开发在一定程度上能够感知复杂茶园环境信息以及生命体征动态信息的新型多功能复合传感器，仍是未来农业用传感器发展的一个重要方向。同时，随着智能传感技术的不断发展，开发和应用微型、低成本、自适应、低功耗、高可靠性的传感器，将是农业物联网发展的一个重要发展趋势。此外，数据的分析和处理技术，如数据清洗与大数据质量管理也将成为农业大数据一个发展重点。

随着人工智能、物联网及大数据技术的深入应用，病虫害数据将呈现出指数级增长，而数据的可靠性和准确性是保证数据价值的前提。一般情况下，茶叶病虫害监测系统中的数据来源较多，数据类型较为复杂，有病虫害、生态环境、土壤等各方面的数据，这些数据的处理与利用将成为制约病虫害监测与识别体系发挥实际效能的重要因素。通过数据采集系统获得的茶园环境及病虫害数据存在冗余、错误、不完整和不一致等现象，如何设计新型数据采集系统及数据预处理算法，在加强数据采集精度，保证数据的准确性的前提下，进一步提高数据的规范性和安全性，是一个有待进一步研究的问题。同时，精准高效的数据清洗与数据质量管理体系不仅会推动相关政策的制定，也将催生新业态，激发产业新的活力。

从应用的角度来看，首先，建立高效的数据清洗、数据管理体系以及数据共享机制是一个较为迫切的要求。其次，应进一步加快现代智慧茶园建设进程，推动茶园病虫害监测体系的建设，积极改善落后的肥料及农药施用模式，进一步强化茶叶病虫害的绿色和生物防控措施，持续提高茶树生长生命体征和病虫害信息采集精度，增强病虫害的实时监测与综合防控能力。再次，应结合大数据与人工智能技术，加强病虫害识别与监测算法的设计与应用，不断提升病虫害预测与防治能力。一方面应大力建设智慧茶园多功能作业控制系统，采用智能控制技术实施变量施肥、变量喷药和变量灌溉作业，实施精准施肥，有效降低农药和化肥施用量。以绿色和安全为标准，推进茶产业的可持续发展。另一方面加快茶叶大数据平台建设，将病虫害数据、茶园土壤及气象、加工等数据加以汇聚和共享，构建完备的茶叶大数据体系，深入拓展数据接入、数据清洗、数据管理、病虫害预警、资源目录、共享交换、产品溯源、预测预报等服务，全面覆盖茶园数据资源，如土壤养分数据、病虫害监测数据、病虫害防控数据、遥感数据、茶产品加工数据、茶产品销售流通数据等。总的来说，应用人工智能、物联网、大数据技术，提升茶产业各环节信息的综合分析和挖掘能力，推进茶叶病虫害监测与防控水平，是下一步的主要发展方向。

2.6 本章小结

本章针对茶叶病虫害防治中的几个关键技术，介绍了病虫害数据采集、处理、分析等方面的知识。首先分析了具有代表性的茶叶病害和虫害，阐述了各地茶园中各类病虫害的特点及其分布规律。在此基础上，介绍了茶叶病虫害远程监测与自动识别的基本技术，分析了茶园数据采集系统的体系结构与关键技术，总结了各类技术的特点。然后重点介绍了茶园大数据平台的基本原理，分析了大数据平台的构建方法，并阐述了其功能与设计要求。分析了目前农业大数据平台的系统架构，描述了数据存储、处理、应用的基本原理。接着对茶叶病虫害自动识别技术进行了介绍，详细分析了各类识别算法的原理，并展望了未来的发展趋势。

参考文献

[1] 唐美君，肖强．茶树病虫害及天敌图谱［M］．北京：中国农业出版社，2018：5.

[2] 周铁锋，余继忠，胡新光．茶叶病虫害防治原色图谱［M］．杭州：浙江科学技术出版社，2010：3.

[3] 张振铎，王立侠，齐超，等．农林病虫自动测控物联网系统（ATC SP）对吉林省4种主要鳞翅目害虫的监测效果［J］．植物保护，2021，47（3）：217-221.

[4] 姚文辉．茶树病虫害诊治图谱［M］．福州：福建科技出版社，2005：5.

[5] 杨妮娜，黄大野，万鹏．茶树主要害虫研究进展［J］，安徽农业科学，2019，47（22）：1-3.

[6] 丁坤明，瞿和平，唐诗，等．茶叶螨类害虫的发生与防治技术［J］．植物医生，2018（11）：60-62.

[7] Rastogi A，Arora R，Sharma S. Leaf disease detection and grading using computer vision technology & fuzzy logic［C］//International Conference on Signal Processing and Integrated Networks. 2015：500-505.

[8] Wang H，Li G，Ma Z，et al.，Application of neural networks to image recognition of plant diseases［C］//International Conference on Systems and Informatics，2012：2159-2164.

[9] 温芝元，曹乐平．椪柑果实病虫害的傅里叶频谱重分形图像识别［J］．农业工程学报，2013，29（23）：159-165.

[10] 许良凤，徐小兵，胡敏，等．基于多分类器融合的玉米叶部病害识别［J］．农业工程学报，2015，31（14）：194-201.

[11] Xiao Deqin，Huang Shunbin，Yin Jinajun，et al.，High resolution vision sensor transmission control scheme based on 3G and Wi-Fi［J］．Transactions of the Chinese Society of Agricultural Engineering，2015，31（9）：167-172.

[12] 熊迎军，沈明霞，孙玉文，等．农田图像采集与无线传输系统设计［J］．农业机械学报，2011，42（3）：184-187.

[13] 刘涛，仲晓春，孙成明，等．基于计算机视觉的水稻叶部病害识别研究［J］．中国农业科学，2014，47（4）：664-674.

[14] 刁广强．基于图像的水稻病虫害分割算法研究［D］．杭州：浙江理工大学，2014.

[15] 刘万才，武向文，任宝珍．美国的农作物病虫害数字化监测预警建设［C］//中国植保导刊，2010，30（8）：51-55.

[16] 张宜君．农作物虫害图像采集与处理手持设备的设计［D］．保定：河北农业大学，2014.

[17] Zhang Chunxia, Wang Xiuqing, Li Xudong. Design of Monitoring and Control Plant Disease System Based on DSP&FPGA [C] //The Second International Conference on Networks Security, Wireless Communications and Trusted Computing, 2010, 479-482.

[18] 陈兰. 基于物联网的智慧茶园数据采集管理系统的设计与实现 [D]. 杭州：浙江理工大学，2020.

[19] 程艳明，徐嘉欣，牛晶. 基于 LoRa 技术山区茶园环境监测系统 [J]. 福建茶叶，2019，41 (3)：28-29.

[20] 刘君，王学伟. 大数据时代山东农业病虫害监测预警体系建设 [J]. 北方园艺，2021 (3)：166-170.

[21] 戴建国，薛金利，赵庆展. 利用无人机可见光遥感影像提取棉花苗情信息 [J]. 农业工程学报，2020，36 (4)：64-72.

[22] 姚金霞，王利，郭鹏，等. 传感器在农业领域的应用现状及发展趋势 [J]. 四川农业与农机，2019 (1)：26-28.

[23] 宋永嘉，刘宾，魏暄云，等. 大数据时代无线传感技术在精准农业中的应用进展 [J]. 江苏农业科学，2021，49 (8)：31-37.

[24] BI Evstatiev, KG Gabrovska-Evstatieva. A review on the methods for big data analysis in agriculture [C] //Iop Conference, 2021：274-279.

[25] Cravero Ania, Sepúlveda Samuel. Use and Adaptations of Machine Learning in Big Data—Applications in Real Cases in Agriculture [J]. Electronics, 2021, 10 (5)：552-559.

[26] 陈桂芬，李静，陈航，等. 大数据时代人工智能技术在农业领域的研究进展 [J]. 吉林农业大学学报，2018，40 (4)：502-510.

[27] 王佳方. 智慧农业时代大数据的发展态势研究 [J]. 技术经济与管理研究，2020 (2)：124-128.

[28] 董春岩，刘佳佳，王小兵. 日本农业数据协作平台建设运营的做法与启示 [J]. 中国农业资源与区划，2020，41 (1)：212-216.

[29] 胡敏骏，朱顺根，许杰，等. 富阳地区茶叶叶部病害病原种类及发病规律 [J] 浙江农业，2018，59 (12)：2219-2221.

[30] 聂鹏程，张慧，耿洪良. 农业物联网技术现状与发展趋势 [J]. 浙江大学学报（农业与生命科学版），2021，47 (2)：135-146.

第3章　茶叶病虫害图像的特征提取与图像分割技术

3.1　引言

近年来，随着计算机技术的发展，采用图像识别、人工智能技术实现对茶叶常见病虫害远程实时监测和识别，并分析病虫害的发作机制，预测病虫害发展趋势，已成为茶叶病虫害防治体系建设中的一个重要研究方向。要实现对茶叶病虫害的智能化预警与精准识别，需要构建茶叶病虫害样本库，并使用数字图像处理及人工智能技术构建识别模型，并对模型进行训练和参数优化后才可以完成病虫害的分析与识别任务。在此过程中，高性能的特征提取与分割算法是构建识别模型，实现对病虫害精确分类的关键。然而在对茶叶病虫害图像中的各类特征进行有效提取时，由于病虫害的多样性与复杂性，导致特征点及分割过程较为困难，很多时候不能满足模型的要求。特征点质量的好坏、数量的基数及存在的位置和分布，都会影响到后续图像匹配和识别的精度。

目前国内外研究人员已建立了部分茶叶病虫害数据库，可以支持部分病虫害识别模型的训练，同时对特定病虫害的症状、发病规律等也有了进一步的了解和分析，一些病虫害识别系统也被投入了试验和应用，取得了一定的经验。但目前茶叶病虫害数据库中收集的病虫害种类较少，图像库中图像质量也未能满足算法要求。此外，现有的模型和应用系统也未能结合病虫害的形态特征、生活习性、发生因素和防治方法有针对性地开展病虫害图像的特征提取、分割、识别等方面的研究和应用[1][2]。从图像识别的角度来看，特征提取与分割算法是病虫害检测与识别算法的重要组成部分，其性能的好坏直接决定了病虫害识别的精度与效率。当前主流的方法是基于深度学习的特征提取及识别方法，其特征提取与识别性能较好，基本能满足病虫害识别的要求[1][2]。

近年来，随着神经网络及深度学习技术的研究和应用，以深度学习为代表的智能方法虽然在病虫害识别中已得到了广泛的应用，基于深度学习的特征提取及目标分割算法也体现出较好的性能，但与传统方法相比，基于深度学习的方法要求有海量的训练样本集和较长的训练时间才能得到较高的精度，而且基于深度学习网络的识别模型参数较多，相应的参数优化方法仍没有完全成熟。此外，当前的茶叶病虫害图像库并不完善，病虫害的种类较少，图像样本未能覆盖茶叶病虫害的各个发展阶段和生长环境，特征提取与图像分割算法的精度需要进一步提升。如何在保证病虫害识别精度与效率的同时，开发高效的特征提取及分割算法，仍是当前茶叶病虫害远程监测与自动识别系统设计中的一个重要任务[2]。

3.2 图像预处理方法

茶叶病虫害图像是病虫害识别算法的基础，其数量、分辨率和完整性往往决定了算法的实际性能。然而在茶叶病虫害图像采集过程中，会存在多种不可控的物理因素，如光照、现场环境、设备性能、病虫害类型、危害区域及部位等，导致图像质量受损或数量不足，进而影响了图像分析与识别精度。由于种种原因，目前还没有完整的茶叶常见病虫害图像数据库，如何根据病虫害监测与识别需要正确地采用旋转、变换、图像增强等图像预处理方法对现有病虫害样本图像进行处理，以保证图像处理算法的精度和学习效率，是目前茶叶病虫害识别与防治中的一个重要问题。大多数情况下，存在多种因素影响病虫害图像的质量，其中低光照因素较为常见且难以避免，在病虫害监测与图像采集过程中碰到阴天、雾天、夜晚等场景是十分常见的，研究低光照条件下的图像增强技术，是当前病虫害监测与识别算法研究中的一个重要内容，也得到了研究人员的重视[3]。此外，要精确获取特定病虫害在不同生命周期内的高质量图像也是一个比较困难的任务，同时病虫害的形态及外观特征在不同的地域也有较大的差别，与周边环境、生态、气候等有密切关系。这些问题都是构建茶叶病虫害图像数据库、改善图像预处理效果、优化提升识别模型性能的过程中面临的一些实际困难。

图像增强是图像预处理中的一种重要手段，该方法能够改善图像的一些特征，针对图像的边缘、轮廓、对比度、亮度等进行优化处理，可进一步增强图像的视觉效果，提高图像的清晰度，为下一步的分割及特征计算提供便利。有学者[4]对图像增强算法进行了总结和分析，将其主要的方法分为三类，即基于分布映射的方法，基于模型优化的方法和基于深度学习的方法。基于分布映射的方法致力于利用曲线变换、直方图均衡化等手段优化图像的像素分布，以提高图像亮度与清晰度。由于缺乏对于光照需求的建模以及忽略了分布内在的联系，该类方法生成的结果可能会存在颜色失真以及图像细节异常等现象。相对而言，基于模型优化的图像增强方法采用物理成像规律生成的数据项作为依据，以描述目标变量的正则项作为核心，并进一步利用优化技术进行计算。但该方法会导致图像处理过程中出现曝光不足、色彩不饱和以及伪影或噪声明显等问题。因此，为弥补上述各方法的不足，借鉴数据分析的思路，采用基于深度学习的方法建立低光照输入与增强输出之间的关系，已成为一种主流的低光照图像增强模式[5]。

为了在低光照环境下获得肉眼可见且信息丰富的高质量茶叶病虫害图像，可以考虑采用迁移学习技术，直接利用在现有数据集中训练好的网络模型，能够保持深度学习网络模型的卷积层结构不变。在此基础上，向卷积层导入训练好的权重与参数，并根据新的任务目标设计适用于新任务的全连接层，再采用新设计的网络全连接层代替原模型的全连接层，与先前的卷积层组成新的卷积网络模型。模型构建完成后采用新的图像数据集训练该模型用于新的任务[6]。同时，也可以仅训练全连接层，也可以训练深度学习网络的全部层，完成参数调优后能够适用于新的任务场景。迁移学习可以有效减少模型的训练时间，在一定程度上降低了深度学习模型对于病虫害数据集的依赖，但其识别的精度可能会有所下降。

值得指出的是，由于在成像过程中相机抖动或者物体移动等现象的存在，曝光时间的延长不可避免地会导致图像出现模糊现象，在图像预处理过程中延长曝光时间在很多情况下并不是一种可行的预处理方法。单纯依赖成像过程的优化和调整依然难以获得理想的图像质量，构建智能化算法以提升图像质量，已成为低光照图像增强技术中的一个重要部分[7]。总体上，人眼不可见只是一种表面现象，计算机能够从图像的数值分布层面差异和联系出发，对图像有更加清晰的认知和底层的分析，如何研究和利用机器学习算法实现肉眼可见的信息转换是现有低光照图像增强技术的一个重要研究方向[7]。

基于深度学习的低光照图像增强方法于 2017 年出现，随着深度学习技术的不断成熟，其性能较为理想，应用效果也较好，已逐渐成为低光照图像增强的主流方法。总体而言，从实现的目的和实际应用的效果来看，基于深度学习的低光照图像增强方法可以分为两类，即用于亮度增强的方法以及联合亮度增强与噪声去除的方法。低光照图像增强的主要任务在于增强图像亮度以显示图像中更多的结构与纹理细节，已有一系列专注于图像亮度增强的工作相继被提出。有学者[8]综合利用了卷积神经网络与 Retinex 理论，将多尺度 Retinex 视为具有跳跃链接或者残差形式的级联高斯卷积，设计了一个多尺度的深度卷积神经网络，获得了端对端的低光照图像增强网络。该网络中使用对数变换将 Retinex 模型由相乘的形式转换为相加，有效地提高了计算效率。本质上，基于对数的变换会抑制图像明亮区域梯度的变化，故该方法容易引起图像纹理细节的丢失。该研究成果指出，如果采用针对低光照图像增强的卷积神经网络进行处理，通过基于 Retinex 理论创建的训练对于训练该模型，其增强效果将会有较大的提升，尤其是在一些实际应用场景中具有较大的应用价值。

3.3 特征提取算法

在图像处理过程中，每幅病虫害图像都有独有的特征或属性，合理地使用这些特征或属性是各类病虫害识别与检测算法的重要环节，特征参数的准确性和实时性对病虫害的识别精度有决定性的影响[9]。从模式识别的角度来看，病虫害识别特征有形状特征、颜色特征、纹理特征等全局特征和局部特征。因此，常用的病虫害特征提取算法是基于形态、颜色、纹理等特征进行处理。经过多年的发展，现有的特征提取方法能够取得较高的效率与精度，同时实践中也得到了一定的应用。但考虑到茶叶病虫害图像的复杂性与多样性，已有的特征提取算法仍在性能方面与实际应用有一定的差距。

也有学者[10]提出了一种基于形态与颜色特征的特征提取算法，对提取的 5 个形态特征和 9 个颜色特征，通过比较不同特征向量的组合，发现将形态和颜色特征进行融合后可以取得较高的准确率。实验表明该方法最终实现对粉虱和蓟马的识别率分别为 96.0%和 91.0%，在精度方面优于传统的方法。高雄等[11]提取了 5 个形状特征来对甘蓝虫害和青菜虫进行识别。在该实验中，对青菜虫的识别准确率达到了 83.33%，甘蓝夜蛾为 90%，二十八星瓢虫为 100%。不难看出，不同病虫害的形态对识别准确率有较大的影响。对此，有学者[12]将统计特征和 LBP 特征用于咖啡病害的识别中，实验结果表明该方法的识别准确率超过 93%，能够实现对病虫害的初步诊断，具有一定的实际应用价值。综合来看，对于不同种类的病虫害，可以采用不同的方法进行特征提取，而作物的病虫害通常体现在植株的叶片或者果实的颜色变化，通常会用颜色特征和纹理特征来进行识别。但目前针对茶叶病虫害的特征提取算法较少，实际应用也不多，有待进一步加强应用、积累经验并优化模型。

在实际场景中，由于自然环境较为复杂，采用多特征融合的特征提取方法更符合实际应用的需要。合理利用特征融合技术，能够在降低计算复杂度的同时有效提高病虫害识别准确率，具有较高的实际应用价值。有学者[13]将 HOG 特征与颜色、形状和 Haar 特征相结合，用于稻飞虱的自动检测和计数，得到了超过 90%的正确率。有学者[14]将 MSER 算法与 HOG 特征相结合，用于检测自然环境中不同颜色和密度的蚜虫，平均识别正确率达 86.81%。牛冲等[15]将提取的草莓蛇眼病害叶片灰度图像直方图中的 8 个特征融合在一起，并利用支持向量机构建模型，实现了 92%的分类准确率，分别比 KNN 和 NB 算法高出 6 个和 12 个百分点，有一定的实际应用价值。胡永强等[16]在稀疏表示识别框架下采用 AdaBoost 算法对颜色、形状和纹理特征进行特征融合，识别准确率达到 92.4%，比单一特征方法识别准确率提高了 7 个百分点以上。

总的来看，特征提取是实现病虫害准确识别的一个重要前提，其性能的好坏直接决定了后续识别模型的精度，在实际的病虫害检测与识别过程中，特征提取的基本流程如图 3－1 所示。

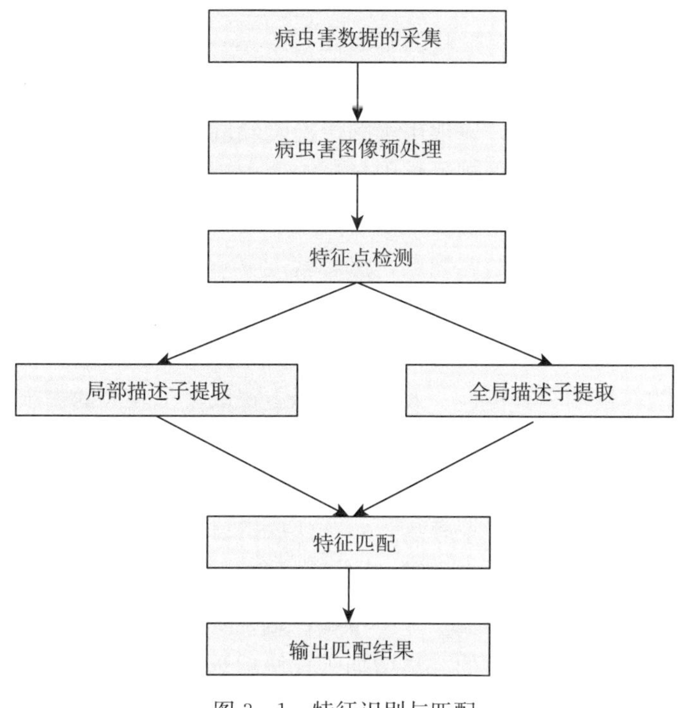

图 3－1　特征识别与匹配

图3-1中，图像预处理通常在进行特征检测之前，需要对图像进行一些前期处理，具体包含了灰度化、去噪声、规范化、生成图像金字塔等过程。不同的病虫害识别算法要求的预处理过程也不完全一致。特征点检测的主要任务是提取病虫害图像中感兴趣的点，这些点通常被称为特征点。本质上，这可以看作是数字图像稀疏化的一个典型过程，要求挑选出一些具有代表性的点来表示图像，检测出这些代表性的点的过程被称为特征点检测，后续的三维重建及匹配等都会根据这些点进行操作，故特征点检测是病虫害识别过程中必不可少的一个环节。特征选择的精度直接决定了图像识别算法的精度。局部描述子提取指的是能够从特征点周围提取出一个较小的几何区域，同时构建一个标志性的特征向量来表示这个区域的主要特征，这个特征向量被称为局部描述子或局部描述符。在该过程中，它将自己与其他区域区分开来，因此可以当作后续匹配过程的基础。局部描述子的核心问题是不变性、鲁棒性和可区分性。由于采用局部图像特征描述子的时候，通常是为了可靠地处理各种图像变换情况，因此在构建和设计特征描述子过程中，不变性问题成为一个需要考虑的问题。类似地，在宽基线匹配中，需要深入考虑特征描述子针对视角变化的不变性、对尺度变化的不变性、对旋转变化的不变性等特性，同时在形状识别和物体检索中，需要考虑特征描述子对形状的不变性[16][43]。

类似地，全局描述子用来描述整幅病虫害图像的全局特征向量。它代表了图像中的高层特征或语义，通常用于图像检索领域。全局描述子可以看作是对局部描述子进行抽象化，也可以是直接从图像中生成特征。因此，特征匹配指的是有了局部描述子或全局描述子后，就可以进行两个图像之间的相似程度的计算，找出两幅图像之间的匹配点，然后就能够利用光束平差法或其他方法进行三维重建等后续工作[16]。

以深度学习为代表的图像特征提取方法以其较高的精度成为当前的主要方法。该类方法在精度、鲁棒性、效率等指标上都取得了较大的进步，其主要优势在于针对图像特征提取及匹配操作能够采用一个完整的端到端的深度学习网络来进行计算。但基于深度学习的方法的不足之处在于数据集的泛化问题，同时对图像样本与计算资源要求较高，在无法取得具有完备的病虫害数据集的前提下，基于深度学习的方法在实际应用中也受到一定的限制。因为深度学习模型的参数在不同的场景下适应性并不可靠，这也是宽基线图像处理的最大问题之一。此外，基于深度学习的方法增加了算法运算的复杂度，一些算法需要大量的计算与存储资源，目前难以适应低功耗、实时要求较高的应用领域[16]。

在进行特征提取运算时，一般会结合病虫害图像自身的特点灵活应用相应的特征提取和融合算法，其效果会更显著，识别精度也会更高。考虑到降低特征提取的复杂度，目前也有一些采用降维处理的图像特征提取方法，通过建立二维图像矩阵，再对矩阵内的所有特征点实施降维运算，能够将不在一维范围内的特征点优先转换为向量的形式。此外，利用小波变换方法实现原始图像特征的识别与提取，根据病虫害图像特征点分布的位置、熵值以及密度计算相似性较高的特征点，再对其进行定位提取操作，也是一种可行的思路，但对样本的数据与质量要求较高[16][43]。

3.4 图像分割算法

图像分割作为图像处理中的关键环节，指的是对数字图像划分一个或多个特征相似的区域并得出感兴趣的区域，对图像识别和分析的结果具有重要影响。可以按照图像的纹理、颜色及灰度值进行分割，也可以是语义或其他的特征。通过对病虫害图像进行分割，可以高效、无损地获取病虫害及茶树生长信息，帮助管理者实时了解茶树生长动态，掌握病虫害发展情况，能够对茶叶种植和病虫害防治进行更好的管控。目前图像分割算法可分为基于人工操作的方法和基于模型的自动分割算法。一般情况下，人工分割方法是由用户自己来选择感兴趣的目标区域，再依据纹理、颜色等进行区域的分割。有学者[17][18]设计了基于感兴趣区域的图像分割算法，首先向用户提供一个操作界面让用户通过该界面来绘制感兴趣区域的轮廓，再由算法自动完成分割操作。人工分割可以根据观察，结合病虫害图像的形态体征，根据病虫害识别的要求进行比较精确的细节操作，分割效果较为理想，其不足之处在于效率较低，处理速度也较慢。自动分割需要建立一个分割处理模型，如基于深度卷积神经网络的模型，基于灰度值的模型，基于神经网络的模型等。其效率较高，处理速度快，能满足大规模图像处理的要求，是目前图像分割技术中的主流方法[18]。

3.4.1 基于聚类和边缘的图像分割

基于聚类的图像分割算法主要是将一些相互独立的模式按照一定的相似性进行组合，即同一类别中相似性要比不同类别的相似性更高，据此进行不同区域的划分。基于聚类的分割算法一般应用于图像边缘模糊，但背景较为复杂的场景下。相比传统的分割算法，基于聚类的图像分割算法具有无监督、效率高、速度快等优势，目前在病虫害识别与处理算法中应用较广的聚类算法主要有模糊 C 均值算法和 K 均值聚类算法[19]，相关的分割算法也已在病虫害识别系统中得到了初步的应用。也有学者[20]设计了一种将 K 均值聚类算法和局部异常因子（LOF）算法相结合的图像分割算法，基本思想是对采用 LOF 算法筛选过的像素点集合进行 K 均值聚类运算，从而完成区域的划分。该方法能够有效地降低图像中的孤立点和离群点对分割运算的不利影响。实验表明该算法可以对不同背景和光照条件下的葡萄果穗进行精准分割，其误差也较小。迟德霞等[21]采用模糊 C 均值聚类算法对稻田中的秧苗进行分割，首先对图像中的泡沫、水、秧苗等物体的 RGB 值进行提取，再选取正交彩色空间颜色分量灰度值作为样本数据进行聚类处理，能够较好地将秧苗从背景中分割出来，平均误差率也较低，能满足图像识别系统的需要。但针对茶叶病虫害的分割效果，目前相关的文献报道较少，应用效果尚不能准确评估。

基于边缘的图像分割算法是利用图像中不同区域像素灰度值不同，以及区域边界像素灰度值变化较大的特点，检测到边界点，并将各个边界点连接起来，从而完成区域分割。目前常用的边缘检测方法有 Roberts、Sobel、Pre-Witt 等，性能均衡、计算代价较低，但其精度仍有提升空间。有学者[22]对图像进行二值化处理，根据目标灰度值和环境灰度值相差较大的特点，采用小波多尺度边缘检测法提取图像区域的边缘信息，在此基础上进行分割运算，最后结合矩不变量的特征和改进反向传播神经网络完成对目标的识别，分割精度较高，平均误差能满足图像识别的要求。陈强等[23]提出了一种图像分割算法，基本思想是在图像的用户感兴趣区域中考虑附近的灰度值分布在数值较小的区域，采用对数变换图像增强的处理方法使需要的数值区间被拉大，压缩无用的数值区间以提高识别精度，并利用坎尼算子和概率霍夫变换提取轨道线。王红雨等[24]为减小光线条件差和噪声污染的影响，将模糊理论和局部二值模式算子相结合，得到了一种改进的边缘提取策略，进而设计了图像分割算法，能够显著地提高图像的边缘连续性和识别的效率。由于该算法产生的边缘粒子较粗，因此难以进行精准识别，应用受到了一定的限制。

吴成茂等[44]系统地分析了模糊 C 均值聚类算法的性能特点，指出该方法是一种揭示数据内在结构的重要工具，具有良好的扩展性、解释性、准确性和稳定性，能广泛应用于模式识别与人工智能等众多领域。针对其特点，他们对模糊 C 均值聚类算法应用于图像分割所取得的进展进行了系统分析，探讨了其优缺点，并从聚类目标函数构造的距离度量和正则化约束角度出发，分析和讨论了不同类型鲁棒模糊 C 均值聚类的分割方法，指出了它的优缺点和应用现状。同时根据图像分割结构的不适宜性，揭示了现有的鲁棒模糊 C 均值聚类分割算法的构造机理和差分演化动力学特性，并根据当前深度学习、微分拓扑、代数几何、信息几何和忆阻神经形态计算等理论展望未来鲁棒模糊 C 均值聚类分割方法的发展趋势和应用前景。

随着深度学习理论与技术的进一步发展，将深度学习模型与模糊聚类相结合可形成各种深度模糊学习网络，可以显著改善现有的模糊聚类对不同类型数据的普适能力和可靠性。但如何提高其计算效率和实时性是当前急需解决的关键问题。此外，针对目前的一些深度学习方法，如迁移学习、稀疏学习、引导学习方法，加强其与模糊聚类方法的融合研究，已经取得了较大的进展，在图像分割等领域取得了较好的效果，增强了现有的模糊聚类算法在噪声或数据缺失情况下进行图像分割操作时的鲁棒性[25]。特别是研究异源迁移学习方法与模糊聚类的结合，设计融合二者优缺点的图像分割算法，有效地解决了该方法中存在的负迁移问题，是目前图像分割算法研究中的一个重要内容。另外，当前针对强化学习与模糊聚类算法相结合的研究也取得较大进展，实验证明能够有效地改善现有的模糊聚类的聚类精度，在特征提取及目标分割方面具有较好的应用前景。值得指出的是，结合数据驱动的机器学习算法和模糊聚类，能够在复杂场景下的图像分割过程中取得较高的精度。此外，有效地结合超像素理论与模糊聚类算法，也已被证明能够有效地提升现有的模糊聚类算法对复杂图像的分割能力。但是，在面对具有较高噪声干扰的数字图像时，超像素模糊聚类法分割方法仍存在精度较低和效率不高等缺点。针对此问题，可以考虑将信息几何与模糊聚类相结合，可以有效增强现有的模糊聚类对不同类型图像和高噪声图像进行准确分割的能力，同时其适应能力也有显著提升[25][44]。

邓寒冰等[45]指出，随着深度学习技术在植物表型检测领域的应用，有监督深度学习已逐渐成为植物表型信息的提取与分析的主要方法。但各类农作物及病虫害图像结构复杂、细节特征多，人工标注的成本和质量问题已成为制约分割技术发展的瓶颈。为此，邓寒冰等针对玉米苗期植株图像的分割问题提出了一种基于深度掩码的卷积神经网络分割算法，可将深度图像自动转换深度掩码图像，并替代人工标注样本完成图像分割网络的训练。试验结果表明，在相同的网络训练参数条件下得到的平均交并比为 59.13%，平均召回率为 65.78%，优于人工标注样本对应的分割精度。此外，在模型的训练样本中加入 10%室外玉米苗期图像后，该方法针对室外测试集的平均像素精度可以达到 84.54%，表明该方法具有良好的泛化能力，为进一步解决高通量、高精度的玉米苗期表型信息获取问题提供了一种较好的思路。

3.4.2 基于深度学习的图像分割

传统的图像分割算法需要设计者对特征参数进行设置，这要求设计者在图像分割领域有一定的知识和经验，而且分割的结果有时也不能满足研究者的要求[25]。近几年来，随着深度学习技术成为当前人工智能领域的研究热点，深度学习也很快被应用到针对农作物病虫害图像的分割算法中。与传统的分割算法相比，基于深度学习技术的图像分割算法性能有了很大的提升。刘智航等[26]用三种基于深度学习的算法，即 Panicle-SEG、Panicle Net 和 Panicle Net v，验证了基于深度学习的分割效果较传统的方法效果更优异，在精度与误差控制方面有显著的改善，尤其在对细小稻穗进行分割时敏感度更高。在三种分割算法中，Panicle Net v2 的分割效果最好。有学者[27]采用基于 Mask R-CNN 的图像分割算法对田间的葡萄叶片进行分割，在不同天气，如晴天、阴天等环境下，针对正常、病害、不同品种葡萄叶片分割的平均精度均大于88%，均优于传统的分割算法。也有学者[28]提出了一种融合深度学习和区域生长算法的图像分割算法，该算法可以从激光雷达数据中分割出单个玉米区域，实验结果表明该算法能够满足自然环境下的图像识别需要。有学者[29]运用基于区域的卷积神经网络分割模型，对三个不同种植密度的地块进行识别试验，表明深度学习与区域生长算法相结合的分割方法在玉米个体分割中具有较好的应用前景，分割精度达到了实际使用的要求。

从图像分割的精度来看，基于深度卷积神经网络预测的分割模型是应用较为成功的分割算法。在基于该类模型的分割算法中，影响元素前向计算的所有可能的输入区域被称为该元素的感受野。对此可通过采用更深的网络让特征图中单个元素的感受野变得更加广阔，从而捕捉更大尺寸的特征[30][31][32]，显著提高图像分割的精度。从结构上来看，与传统的全连接神经网络相比，卷积神经网络的主要优势是通过局部感受野、权值共享以及时间或空间子采样减少网络中自由参数的个数，获得某种程度上的位移、尺度和形变不变性。目前比较流行的卷积神经网络结构有 AlexNet、VGGNet、ResNet、GoogLeNet、MobileNet 及 DenseNet[34][35][36]，其结构与参数优化等手段已较为成熟。值得指出的是，在进行目标区域分割的过程中，卷积神经网络在卷积层之后会接上若干个全连接层，并将卷积层产生的特征图映射成一个固定长度的特征向量，以实现图像级的分割任务。因此，基于卷积神经网络的图像分割算法为了对一个像素分类，会使用该像素周围的一个区域作为卷积神经网络的输入，用于训练和预测[33][34]。但由于在该过程中卷积神经网络只能提取一些局部的特征，会导致分割的性能受到限制。近年来，随着卷积网络的层数变得越来越多，卷积神经网络的特征表达能力也在不断地提升，例如ResNet和DenseNet网络模型的层数已有显著的增长，但该类网络仍无法避免从固定输入到固定输出的学习本质[37]。因此，传统的基于卷积神经网络的图像分割方法是利用预训练好的卷积神经网络模型作为编码器用于生成系列特征图，并结合额外的预处理或后处理步骤来完成特定的分割任务，在实际应用中也取得了较好的效果。

本质上，卷积神经网络的深层特征表示学习有效增强了模型对图像噪声和数据非均匀的鲁棒性，能够解决目标表观多样性的图像分割问题。该类模型通常使用自动学习得到的表观信息来估计目标区域和非目标区域的概率图，并依靠后处理来获得感兴趣区域中实例分割结果。后处理采取基于图像分析的方法，实现从底层视觉处理到中高层视觉特征提取的过程。复杂背景图像的分割是在多个目标汇集的图像中逐个分割出具有相对完整边界的目标实例，而底层视觉处理到中高层视觉特征提取可充分利用图像底层信息，较好地弥补了传统卷积神经网络在图像细节捕获能力上的缺陷[38]。

此外，循环神经网络（RNN）及其变种网络可描述动态时间行为，能够显式地对序列数据和多维数据中的复杂依赖关系进行建模，其主要思想是将输入序列编码为隐藏状态，并通过更新隐藏状态对数据中的重要信息进行记忆，实现对时间序列中长期依赖关系的分析与预测。基于循环神经网络的分割方法会采用循环神经网络作为深度模型的独立层用于对图像局部和全局上下文信息进行建模，以更好地提取图像中隐含的像素序列特征，实现对图像精准的分割[39][40]。但循环神经网络采用LSTM单元和GRU模块，尽管提升了上下文特征学习的能力，但由于单元中序列输入的拓扑结构大多是预定义的，导致模型只能学习图像中固定的上下文特征。因此当目标图像的结构发生变化时，分割的结果会出现较大的误差[41]。对此，Liang XD等[42]利用图论对输入拓扑结构进行优化，让循环神经网络模型自适应地学习节点间的语义相关性，有效地降低了平均误差，在图像分割任务中取得了较好的效果。

此外，在各类深度学习模型中，作为一种有效的数据建模工具，生成对抗网络在训练或学习过程中无需提前对数据做任何假设。生成对抗网络的结构通常包含两个部分，即生成器和判别器。判别器的功能是判别由生成器产生的数据的真实性，而生成器则负责产生与真实数据相似的伪数据去干扰判别器。从二者的关系来看，此过程类似于博弈论中的二人零和博弈。本质上，生成对抗网络的训练或学习过程是去计算零和博弈的一个纳什均衡解，生成器可以生成与真实数据具有相同分布的伪数据，在此过程中实际上能够学习到真实数据的真实分布。总的来看，基于深度学习的图像分割方法的性能取决于大量的训练样本，现有样本的数量与质量是影响深度学习网络性能的关键因素。当模型训练数据和测试数据分布存在较大的差异时，或图像样本数量较少时，基于深度学习的图像分割模型很难得到满意的性能，同时也难以将已经训练好的模型快速应用于另一种具有不同分布特征的数据[42]。

3.5 存在的问题

首先，茶叶常见病虫害共有 30 余种，这些病虫害生长发育形式多样，全生命周期内的图像采集困难，且图像形态复杂，纹理细节较多，导致对病虫害各阶段性状的图像进行特征提取和分割是一件较为困难的事情。其次，各种害虫从幼虫到成虫在形态上有较大的变化，要针对虫害的成长阶段采集其高质量图片也较为困难。要针对茶叶的成长状况实时监测其病虫害的发展与危害，为病虫害的精准识别提供理论基础，必须采集其各阶段图像并使用分割、特征提供、标注等，才能实现对茶叶病虫害的自动监测与有效识别，有效解决人工识别效率低、周期长、人为主观性强等问题。在病虫害特征提取与分割算法设计方面，目前的方法也存在很多不足，一是茶叶病虫害种类较多，且形态与外观较为复杂，现有的图像分割算法仅适用于一些特征显著，背景相对简单的情况，在复杂场景下的分割性能急剧下降，相关的算法具有较大的改进空间。二是当前的图像分割及特征提取算法普适性不强，对于不同的病虫害及其不同形态的适应性不强，其参数调整与优化方法也有待进一步改进。三是茶园自然环境下的病虫害图像以其复杂的背景和不同的姿态对算法的性能要求较高。虽然深度学习技术应用于病虫害图像特征提取及分割、识别的可行性已得到了较多的验证，也具备一定的实际应用价值，其拥有较高的识别成功率和较少的图像处理步骤等优点已得到用户的广泛认同，但基于深度学习的病虫害图像特征提取及分割方法也存在效率低，对样本数量和质量依赖性较高等问题，相对传统的人工识别方法，在算法性能方面仍有较大的改进空间。

3.6 本章小结

本章对茶叶病害的图像预处理、特征提取、图像分割等技术进行了介绍，分析了该领域的研究和应用现状，对各类图像的特征提取与分割方法的原理及特点进行了介绍，分析了当前主要的特征提取和图像分割算法的优缺点，重点对基于聚类和边缘的方法、基于深度学习的图像特征提取与分割方法进行了探讨，详细阐述了当前茶叶病虫害图像特征提取与分割算法的不足，并分析了未来的发展方向。

参 考 文 献

[1] 宋杰，肖亮，练智超，等．基于深度学习的数字病理图像分割综述与展望［J］，软件学报，2021，32（5）：1427－1460.

[2] Xing FY，Xie YP，Su H，Liu FJ，Yang L. Deep learning in microscopy image analysis：A survey［J］. IEEE Transactions on Neural Networks and Learning Systems，2018，29（10）：4550－4568.

[3] 燕雨洁，张煜朋，贾珍珠，等．基于深度学习的低照度图像增强技术研究综述［J］. 无线互联科技，2021（1），77－80.

[4] 马龙，马腾宇，刘日升．低光照图像增强算法综述［J］. 中国图像图形学报，2022，27（05）：65－68.

[5] Brifman A，Romano Y，Elad M. Unified single-image and video super-resolution via denoising algorithms［J］. IEEE Transactions on Image Processing，2019，28（12）：6063－6076.

[6] Cai J R，Gu S H，Zhang L. Learning a deep single image contrast enhancer from multi-exposure images［J］. IEEE Transactions on Image Processing，2018，27（4）：2049－2062.

[7] Shen L，Yue Z H，Feng F，et al.，MSRNet：low-light image enhancement using deep convolutional network［J］. Astrophysics Data Sys tem，2021（9）：324－335.

[8] Li C Y，Guo J C，Porikli F，Pang Y W. LightenNet：a convolutional neural network for weakly illuminated image enhancement［J］. Pattern Recognition Letters，2018（104）：15－22.

[9] 温艳兰，陈友鹏，王克强，等．基于机器视觉的病虫害检测综述［J］. 中国粮油学报，2022（3）：1－12.

[10] Yang XT, Liu MM, Xu JP, et al., Image segmentation and recognition algorithm of greenhouse whitefly and thrip adults for automatic monitoring device [J]. Transactions of the Chinese Society of Agricultural Engineering, 2018, 34 (1): 164 - 170.

[11] 高雄，汤岩，陈铁英，等．基于图像处理的甘蓝虫害识别研究 [J]. 江苏农业科学，2017，45 (23): 235 - 238.

[12] Sorte L X B, Ferraz C T, Fambrini F, et al., Coffee Leaf Disease Recognition Based on Deep Learning and Texture Attributes [J]. Procedia Computer Science, 2019 (15): 135 - 144.

[13] Yao Q, Xian D X, Liu Q J, et al., Automated Counting of Rice Planthoppers in Paddy Fields Based on Image Processing [J]. Journal of Integrative Agriculture, 2014, 13 (8): 1736 - 1745.

[14] Liu T, Chen W, Wu W, et al., Detection of aphids in wheat fields using a computer vision technique [J]. Biosystems Engineering, 2016, 141 (5): 82 - 93.

[15] 牛冲，牛昱光，李寒，等．基于图像灰度直方图特征的草莓病虫害识别 [J]. 江苏农业科学，2017，45 (4): 169 - 172.

[16] 胡永强，宋良图，张洁，等．基于稀疏表示的多特征融合害虫图像识别 [J]. 模式识别与人工智能，2014，

[17] Francoy T M, Wittmann D, Drauschke M, et al. Identification of Africanized honey bees through wing morphometrics: Two fast and efficient procedures [J]. Apidologie, 2008, 39 (5): 488 - 494.

[18] Wang Jiangning, Lin Cong tian, JI Liqiang, et al., A new automatic identification system of insect images at the order level [J]. Knowledge Based Systems, 2012, 33 (3): 102 - 110.

[19] 靳明明．基于聚类算法胆结石 CT 图像分割的研究 [D]. 郑州：河南理工大学，2012.

[20] 刘智杭，于鸣，任洪娥．基于改进 K 均值聚类的葡萄果穗图像分割 [J]. 江苏农业科学，2018，46 (24): 239 - 244.

[21] 迟德霞，任文涛，刘金波，等．基于模糊 C 均值聚类的水稻秧苗图像分割 [J]. 沈阳农业大学学报，2013，44 (06): 787 - 792.

[22] Wang Z W, Li S Z. Research for Automatic recognition for Vehicle Based on Improved BP Network [C] //2010 International Conference on Computer and Communication Technologies in Agriculture Engineering, Chengdu, 2010, 2532 - 2540.

[23] 陈强，沈鑫，赵晶晶，等．高速铁路近景影像轨道边缘提取与匹配方法 [J]. 铁道学报，2017，39 (8): 122 - 128.

[24] 王红雨，尹午荣，汪梁，等．基于 HSV 颜色空间的快速边缘提取算法 [J]. 上海交

通大学学报，2019，53（7）：765－722.

[25] 郑小南，杨凡，李富忠．农作物图像分割算法综述［J］．现代计算机，2020（7）：72－76.

[26] 刘智杭，于鸣，任洪娥．基于改进K均值聚类的葡萄果穗图像分割［J］．江苏农业科学，2018，46（24）：239－244.

[27] Van Huy Pham，Byung Ryong Lee. An Image Segmentation Approach for Fruit Defect Detection Using K-Means Clustering and GraphBased Algorithm［J］. Vietnam Journal of Computer Science，2015，2（1）：441－458.

[28] Yang Yu，Sergio A，Velastin，FEI Yin. Automatic Grading of Apples Based on Multi-Features and Weighted K-Means ClusteringAlgorithm［J］. Information Processing in Agriculture，2019，27（12）：281－297.

[29] Xing FY，Xie YP，Yang L. An automatic learning-based framework for robust nucleus segmentation［J］. IEEE Transactions on Medical Imaging，2016，35（2）：550－566.

[30] Le Cun Y，Kavukcuoglu K，Farabet C. Convolutional networks and applications in vision［C］//In：The IEEE International Confernce on Circuits and Systems. 2010（6）：253－256.

[31] Krizhevsky A，Sutskever I，Hinton GE. ImageNet classification with deep convolutional neural networks［J］. Publication History，2017（5）.

[32] Simonyan K，Zisserman A. Very deep convolutional networks for large-scale image recognition［J］. Computer Science，2014（9）：1409－1422.

[33] He KM，Zhang XY，Ren SP，Sun J. Deep residual learning for image recognition［J］. IEEE Computer Society on Computer Vision and Pattern Recognition. 2015（12）：770－778.

[34] Szegedy C，Liu W，Jia YQ，et al.，Going deeper with convolutions［J］. IEICE Transactions on Fundamentals of Electronics，Communication and Computer Sciences. 2015（10）：1－9.

[35] Howard AG，Zhu ML，Chen B，et al.，MobileNets：Efficient convolutional neural networks for mobile vision applications［J］. Computer Networks. 2017（4）：1704－1721.

[36] Huang G，Liu Z，van Der Maaten L，Weinberger KQ. Densely connected convolutional networks［C］//IEEE Computer Society Conference on Computer Vision and Pattern Recognition. 2017（6）：4700－4708.

[37] Chen D，Yang W，Wang L，et al. PCAT-UNet：UNet-like network fused convolution and transformer for retinal vessel segmentation［J］. Computer Methods and Programs in Biomedicine，2022，17（1）：2689－2698.

[38] Milletari F, Navab N, Ahmadi S A. V-net: fully convolutional neural networks for volumetric medical image segmentation [C] //Proceedings of the fourth international conference on 3D vision. 2016 (6): 565-571.

[39] Hochreiter S, Schmidhuber J. Long short-term memory. Trends in the Applications of Neural Networks in Chemical Process Modelling [J]. Neural Computation, 1997, 9 (8): 1735-1780.

[40] Cho K, van Merrienboer B, Gulcehre C, et al., Learning phrase representations using RNN encoder-decoder for statistical machine translation [C] //The Conference on Empirical Methods in Natural Language Processing. 2014 (6): 1724-1734.

[41] Van den Oord A, Kalchbrenner N, Kavukcuoglu K. Pixel recurrent neural networks [C] //The International Conference on Machine Learning. 2016 (1): 1747-1756.

[42] Liang XD, Shen XH, Feng JS, et al., Semantic object parsing with graph LSTM [C] //The International Conference on Computer Vision. 2016 (3): 125-143.

[43] 唐灿，唐亮贵，刘波．图像特征检测与匹配方法研究综述 [J]. 南京信息工程大学学报（自然科学版），2020，12 (3): 261-273.

[44] 吴成茂．鲁棒模糊聚类图像分割理论进展 [J]. 西安邮电大学学报，2020，25 (6): 2-24.

[45] 邓寒冰，许童羽，周云成，等．基于深度掩码的玉米植株图像分割模型 [J]. 农业工程学报，2021，37 (18): 110-121.

第4章　采用迁移学习技术的茶叶常见病害识别方法

4.1　引言

近年来，随着气候与环境的变化，茶叶病害的影响范围越来越大，危害程度越来越严重，严重降低了茶叶的产量与质量。全国范围内常见的茶叶病害有炭疽病、茶饼病、茶白星病、茶网饼病、茶轮斑病、茶云纹叶枯病、圆赤星病、茶煤病、茶芽枯病等，在各产茶区的发病率已超过了50%，严重损害茶成叶，降低春茶与夏茶的产量，每年都给各大茶区造成较大的经济损失。一般情况下，病害对茶叶的危害程度与茶园小气候、生态环境、茶叶种类、茶场管理水平等因素密切相关，从分子生物学的角度来看，其发病机理十分复杂，要快速地识别出病害类型并及时采取相应的防治措施比较困难，但各类病害发展到一定时期后对茶树的可观察部位，如茎、叶、枝等有明显的外观改变，可以凭光学传感器（可见光摄像头、红外摄像机）进行观察和分析，这为采用数据图像处理技术进行茶叶病害的识别提供了条件。随着计算机技术的发展，采用图像识别、人工智能、大数据分析等技术自动监测与识别茶叶常见病害，分析挖掘病害的发作机制，对其发生时间与范围进行预警，已成为茶叶病害防治中的一个重要研究方向[1]。

传统的茶叶病害检测与识别依赖人工现场观测和判断，在农业专业技术人员较为匮乏的情况下，其准确性和实时性较差，覆盖面积有限，难以满足茶产业可持续发展的需要。当前已有一些采用图像识别技术的农作物病害识别系统，但针对茶叶病害自动识别与检测的研究工作较少，相关的病害数据集及识别算法尚处于初步应用阶段[2]。针对病害自动监测问题，刘飞等[3]对高光谱成像技术在病虫害监测、茶叶栽培管理、生产加工等方面的应用情况进行了综述，分析了该类技术的优缺点，并对其在茶叶种植与病虫害防治领域的发展前景进行了展望。贾少鹏等[4]对近几年来深度学习技术在农作物病虫害识别中的研究现状进行了总结和分析，并研究了深度学习技术在农作物病害识别中的性能，对各种深度网络模型的构建、训练及参数优化等技术进行了探讨，对相关技术在农作物病害识别中的应用前景进行了展望。刘鹏等[5]将注意力机制引入计算机视觉领域，设计了基于注意力机制的深度学习网络，通过串联粗尺度图像输入的卷积神经网络到细尺度图像为输入的卷积神经网络构建了基于注意力机制的卷积神经网络模型，并将其应用至大豆害虫的识别系统中，实现了对大豆蚜虫的准确识别。李静等[6]设计了基于深度卷积神经网络的玉米螟虫害识别模型，并对该模型的结构与参数进行了优化，利用 Inception 结构对多尺度特征进行提取，选取了更加合适的激活函数和梯度下降算法，优化了模型的结构，有效地减少了深度学习网络的识别时间，对玉米螟虫具备更高的识别准确率，具有较大的实际应用价值。姚侃、宋余庆[7][8][9]等讨论了图像识别技术在农作物病虫害识别中的应用，对图像识别算法进行了分析和比较，并设计了相应的病害识别模型，探讨了未来的发展方向。作为一种对样本数量依赖较小的模型构建方式，迁移学习在近几年得到了广泛的关注。赵恒谦等[10]针对农作物病害图像训练样本数据量较少的问题，使用迁移学习和分步识别模型对多种农作物病害种类进行了识别。采用直接识别方法分别对 VGG16 与 ResNet 的初始模型和迁移学习模型进行分析，得到模型的分类结果。在此基础上，设计了分步识别算法，将训练样本按作物种类和病害类型分类，分别进行模型训练并构建分步识别模型。类似地，有学者[11][12][13]分析了迁移学习的特点，采用已经过其他数据集训练的深度学习模型对农作物病虫害进行了识别，取得了较好的精度。文益民等[14]设计了一种半监督归纳迁移学习框架，探讨了迁移学习使用过程中的模型构建与训练问题，对推动迁移学习在病虫害识别中的应用具有重要意义。

竺乐庆等[15]探讨了使用图像处理与人工智能技术实现对昆虫自动分类的一些算法，提出了基于直方图统计特征的农作物害虫识别算法。该方法首先采用预处理算法对采集的昆虫标本图像去除背景，以获得昆虫图像的前景蒙板，再根据蒙板轮廓计算出前景图像的最小包围盒，划分出由该最小包围盒确定的前景区域，然后对剪切得到的图像进行特征提取。值得指出的是，该方法在提取颜色特征时，把原来的 RGB 图像的像素值映射到 11 种颜色名空间，其值表示 RGB 值属于该颜色名的概率，每个颜色名平面划分成 3×3 像素大小的网格，用每格的概率均值作为网格中心点的描述子，最后用空阈金字塔直方图统计的方式形成颜色名视觉词袋特征。其次，为提取 OpponentSIFT 特征，把 RGB 图像转换到对立色空间，针对该空间的各个通道提取 SIFT 特征，最后采用空域池化和直方图统计方法进一步生成 OpponentSIFT 视觉词袋，将两种词袋特征串连后可得到该类昆虫图像的特征向量。在此基础上，使用昆虫图像样本训练集提取到的特征向量去训练支持向量机（SVM）分类器，使用这些训练得到的分类器即可实现对鳞翅目昆虫的分类识别。该方法在包含 10 种 576 个样本的昆虫图像数据库中进行了测试，在实验中取得了 100%的识别正确率。最后进行了完整的昆虫识别试验，结果表明基于颜色名和 OpponentSIFT 特征可以有效实现对鳞翅目昆虫图像的识别。

金瑛[16]采用已有的果树叶片病斑图像数据集作为学习样本，为提高样本的多样性，采用对图像进行旋转、污化、增噪、切割等图像增强技术对图像进行预处理，在此基础上使用 ResNet-50 深度卷积网络设计了果树病害识别算法。对该算法进行训练后，基于该模型开发了病害识别系统，能够在线提供病害诊断服务。实验结果表明该模型对 4 种果树病害的平均识别率达到了 92.9%。与其他典型算法相比，该算法具有更好的识别精度。徐建鹏等[17]针对水稻病害信息的获取主要依靠人工观测的效率低、主观性强等问题，设计了一种基于 RectifiedAdam 优化器的 ResNet50 卷积神经网络病害识别方法，实现了对水稻关键生育期病害的自动识别。通过对试验田的水稻物候特征进行持续自动数据采集，再对其进行预处理后，得到水稻各发育期分类图像数据集。在此基础上，采用 ExG 因子和大津法（Otsu）算法相结合的方法对水稻图像分割，减小稻田背景干扰。为衡量算法的性能，对比分析了 VGG16、VGG19、ResNet50 和 Inception v3 四种模型下水稻生育期图像分级识别的性能，对比试验了不同优化器下模型准确率和损失值的变化，在此过程中使用了 Adam 优化器。实验结果表明，使用基于 Adam 优化器卷积神经网络构建的模型，在实际场景下的分类识别准确率达到了 97.33%，其模型可靠性高、收敛速度快，为水稻生育期自动化观测提供了有效方法。

总的来看，目前国内外研究人员已构建了部分作物的病害数据集，但由于各种原因，针对茶叶病害数据集非常少，对茶叶病害的症状、发病规律等也有待进一步的研究和了解。当前基于深度学习、支持向量机、神经网络等初步构建了一些农作物病害识别系统，但未能结合形态特征、发作规律、发生因素和防治方法等因素对病害生长、发育及危害进行系统研究，相关的数据采集、模型构建、防治手段等也并不完整。此外，以深度学习为代表的人工智能方法虽然在病害识别中已得到了较为广泛的应用，但该方法要求有较大的训练数据集才能得到较高的训练精度。由于受到光照、场地等因素的影响，训练集中图像数量与质量并未能达到要求，很难获得较好的模型参数。为此，为降低训练时间，保证识别精度，考虑到迁移学习技术较小的样本依赖性及模型较高的分类精度，本章提出了一种采用迁移学习技术的茶叶常见病害识别方法，用较小的样本数据实现对茶叶常见病害的自动识别，并在实验中进行了验证，获得了较好的识别效果。

4.2 迁移学习

以卷积神经网络（CNN）为代表的深度学习技术作为一种广泛应用于图像处理领域的学习方法，在模式识别、机器学习等领域取得了很好的分类效果，得到了广泛的应用。但深度学习技术也有对训练样本数据量要求较高、参数调整困难、训练时间长等不足，在缺乏完整的茶叶病害数据集的条件下，实现对病害的准确分类是较为困难的。因此，学者们近几年提出了迁移学习方法，其基本思想是将在一个任务上训练好的卷积神经网络模型通过简单的结构调整使其适用于一个新的任务[10]，能够有效地减少模型训练与学习时间，增强深度卷积神经网络模型的适应能力。迁移学习的基本原理如图 4-1 所示。

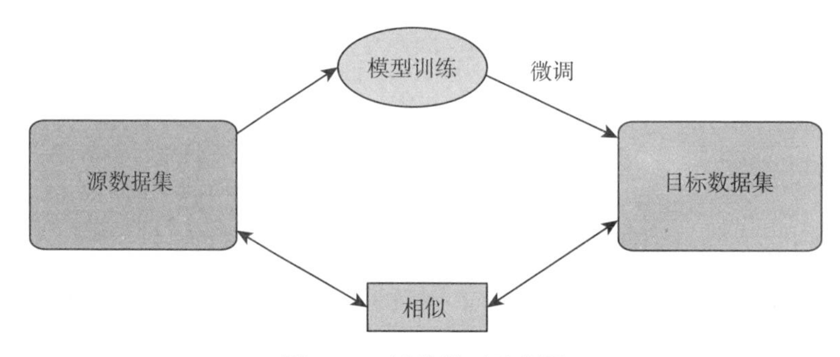

图 4-1　迁移学习示意图

从模型结构来看，可以将迁移学习分为基于模型的迁移学习方法和基于特征的迁移学习方法。基于模型的迁移学习方法是将在一个数据集中训练好的模型应用到另一个数据集中，只要对模型参数进行适当的调整和优化，该模型也可以在新的数据集中取得较好的识别效果。像典型深度网络（如卷积神经网络），在一个数据集中训练好的卷积神经网络的卷积层可以准确地对另一个数据集中的图像进行特征选择和特征提取操作，再将提取到的特征向量输入结构简单的全连接层就可以得到较好的识别分类效果[11]。本质上，可以将经过卷积层提取的特征向量视为数字图像的一个更加简化且表达和描述能力更强的向量。从这个角度来看，可以将训练好的卷积层加上适合新任务的全连接层组成一个新的网络模型，再对新的网络模型进行一定的训练后就可以处理新的分类识别任务[11]。这种基于模型的迁移学习方式目前已在很多场景中得到了应用，其可靠性也得到了验证。而基于特征的迁移学习方法是在源数据集和目标数据集中寻求共同的特征，实现特征的迁移，再进一步优化模型参数并对模型进行训练，其适用于特征较为类似的某些应用场景。

李云红等[13]针对现有的图像去雾算法存在去雾不彻底和图像颜色易失真的问题，设计了一种基于迁移学习子网和残差注意力子网相结合的去雾模型。该模型采用迁移学习子网的预训练模型来增强样本的特征属性，构建了双分支网络结构，并利用残差注意力子网辅助迁移学习子网来训练网络模型参数。最后利用集成学习融合双网络的特征，并优化了去雾图像的模型参数，有效地完成了图像恢复任务。实验结果表明该算法在 RESIDE 数据集和 O-HAZE 数据集上峰值信噪比指标比 GCANet 分别提高了 1.87 dB 和 4.22 dB，在 O-HAZE 数据集上 SSIM 指标比 GCANet 提高了约 6.7%。

文益民等[14]为挖掘源域和目标域中标记和未标记样本来解决目标域中的分类任务，结合归纳迁移学习和半监督学习，设计了一种名为半监督归纳迁移学习框架。首先利用 Co-Transfer 模型生成三个 TrAdaBoost 分类器用于实现从原始源域到原始目标域的迁移学习，同时生成另外三个 TrAdaBoost 分类器用于实现从原始目标域到原始源域的迁移学习。值得指出的是，这两组分类器都采用从原始源域和原始目标域的原有标记样本的有放回抽样来进行训练操作。在 Co-Transfer 框架的每一轮迭代运算过程中，每组 TrAdaBoost 分类器会使用新的训练数据集进行优化，其中一部分是原有的标记样本，一部分是由本组分类器标记的样本，另一部分则由另一组 TrAdaBoost 分类器完成对数据的标记。本质上这是一个持续迭代的过程，相当于将从原始源域到原始目标域的 3 个 TrAdaBoost 分类器的集成作为原始目标域分类器。实验结果表明 Co-Transfer 能够有效地学习源域和目标域的标记和未标记样本，其泛化性能较好。

类似地，竺乐庆等[15]探讨了水下环境复杂多样，针对声呐图像中难以进行人工提取特征的问题，分析了小样本情况下声呐图像分类网络的训练过拟合现象和识别准确率较低的问题。在对建立的声呐图像数据集进行预处理的基础上，提出了一种改进的带有类别偏好的标签平滑正则化方法。该方法首先对训练数据的标签进行优化，再基于迁移学习中微调的方法，利用光学图像对网络参数进行预训练，在此基础上融合以上的方法构建了一种小样本下的分类网络模型。实验结果表明优化后的网络模型取得了最佳分类识别准确率，有效抑制了过拟合现象，能够在小样本下实现对声呐图像的准确分类。

总体上，迁移学习可以有效解决小样本情况下卷积神经网络模型的训练过程不稳定和识别精度不足的问题，能够在小样本条件下获得较好的分类精度，有利于在计算资源不足的移动设备上使用深度学习模型完成特征提取、目标检测与识别任务。从机器学习的角度来看，迁移学习技术会保持深度网络模型的卷积层结构不变，在此基础上向卷积层导入训练好的权重与参数，再根据任务目标设计适用于新任务的全连接层，并用新设计的网络全连接层代替原模型的全连接层，与先前的卷积层组成新的卷积网络模型用于新的任务，模型构建完成后再采用新的图像数据集训练该模型，可以获得较好的分类精度。此外，训练过程中可以仅训练全连接层，也可以训练网络的全部层，进行参数调优后可以适用于新的任务场景，有效地减少了训练时间。

4.3 深度卷积网络模型设计

深度卷积网络在特征提取、分类任务中表现良好，具有良好的特征提取与分类性能。但常用的深度卷积网络在使用时需要较大的数据集进行训练，其训练时间和参数优化过程也比较长。由于种种原因，当前的茶叶病害图像数据集较为缺乏，且病害数据集为典型的小样本，其涵盖的病害种类也较少，特别是数据集中各病害的不同阶段图像不完整，给病害的自动识别带来很大的困难。采用这些数据直接对深度网络模型进行训练会导致模型参数出现过拟合现象，延缓识别模型的收敛速度，识别精度也难以保证。而迁移学习可以直接在较小的病害数据集中采用在类似数据集中训练出来的模型，可以有效地节省模型的训练时间，并能保证较好的训练精度。因此，本书针对现场采集的茶园病害数据集，采用在 ImageNet 中的数据集中训练好的深度卷积网络模型，对采集的病害数据进行分类和识别[14][15]。

深度卷积网络可以利用具备多个层次的神经网络结构对未加工的数据进行底层特征的提取及组合，抽象出更为复杂的非线性高层特征。在此基础上，通过不断更新特征优化模型实现自动识别的效果。与传统的机器学习方法相比，深度卷积网络模型的另一优势是其在大数据处理方面具备优异性能。数据中隐藏着大量的参数，传统机器学习方法因效率和准确率而受到一定的限制，而深度学习则能对大数据进行快速而准确的处理，自动提取有价值的参数进行总结。因此，根据迁移学习的思想，结合茶叶病害数据特征，在采用现有的已经训练过的深度网络模型 InceptionV3 的基础上，优化其卷积结构后，直接用于茶叶病害的识别，不但能够保证较高的识别和分类精度，还可以显著降低训练时间，提高模型的使用效率。基于深度卷积网络模型，采用迁移学习的方法完成对病虫害图像的分类与识别，其基本原理如图 4-2 所示。

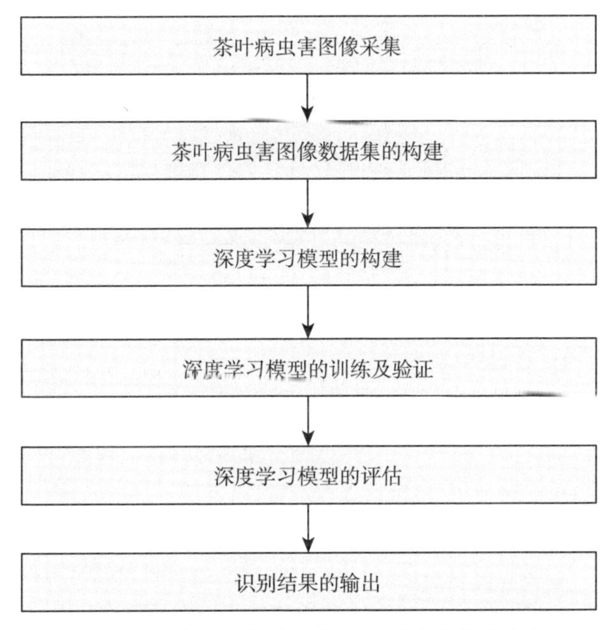

图 4-2 采用深度学习模型识别病虫害的流程

为降低模型的训练与学习时间，保证模型的识别精度，在茶叶病害的识别方法中采用现有的成熟卷积神经网络模型，即 InceptionV3 结构。从该模型结构来看，卷积采用了 1×7 与 7×1 的连接模式代替 7×7 的卷积结构，基本层次为 47 层[12]。正则化过程中采用了标签平滑正则化方法，采用的标签分布如式 4-1 所示。

$$q(k/x)=(1-\varepsilon)\delta_{k,y}+\varepsilon u(k) \quad (4-1)$$

其中 $\delta_{k,y}$ 为狄拉克 δ 函数，特殊情况下，当 $k=y$ 时，该函数等于 1，其他情况时，该函数值为 0，$u(k)$ 是先验分布。式（4-1）中两部分的权重分别为 $1-\varepsilon$ 和 ε。为提高效率，减少训练时间，$u(k)$ 采用了均匀分布[12]。

$$u(k)=\frac{1}{K} \tag{4-2}$$

其中 K 为常数，则式（4-1）式可改写为：

$$q(k)=(1-\varepsilon)\delta_{k,y}+\frac{\varepsilon}{K} \tag{4-3}$$

其基本的卷积结构如图 4-3 所示。

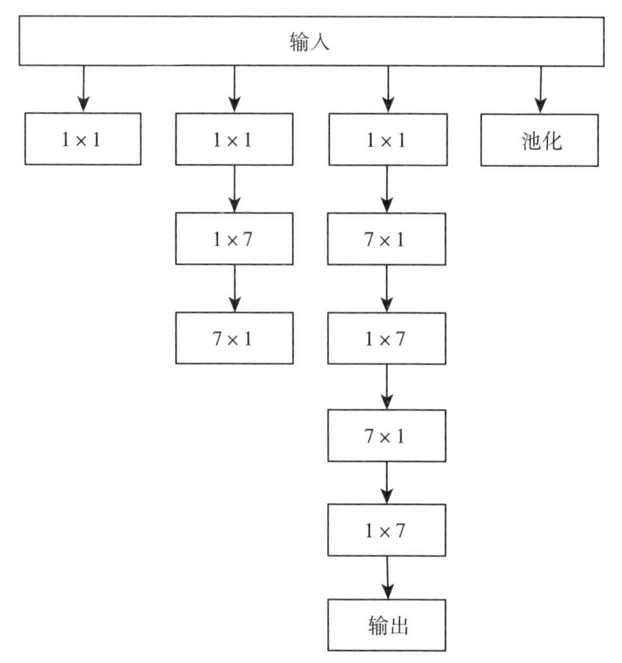

图 4-3　InceptionV3 基本卷积网络结构示意

此外，在保持卷积层结构不变的基础上，在全连接层中采用 sigmoid 激活函数，并利用 Dropout 层降低过拟合，其取值为 0.5。

4.4　图像分割方法

茶叶病害的外观图像在不同的时期差别较大，如炭疽病在初期，其叶片感染区域颜色较浅，在正常的自然光照条件下很难区别出来，外观特征并不明显，且亮度、纹理易受到其他病害的影响。茶煤病在初期和中后期的外观特征区别极大，易受到天气、日照、茶叶品种等其他因素影响，特征提取较为困难，不利于模型的训练和识别。为此，为提高模型训练和识别的精度，采用根据颜色分量进行转换的方法，在一定的图像质量的情况下可以获得较优的颜色分量线性组合，相应的计算规则为[17]：

$$T(k,g)=rR(k,g)+gG(k,g)+bB(k,g) \tag{4-4}$$

其中 r，g，b 为常数，代表三个颜色分量的线性系统，（k，g）为三个颜色分量的坐标。在实际应用时，r，g，b 的取值在区间［2－4］内。T（k，g）为图像按式（4－4）进行运算后的结果特征，代表病害图像经过线性运算后各颜色的线性组合值。R（k，g），G（k，g）和 B（k，g）分别表示三种颜色分量在（k，g）处的灰度值。T（k，g）的取值在［0，255］，通过实验统计出 r，g，b 的值分别为－1、2、－1 时识别精度较高，对特定识别对象的光线和颜色变化具有较好的鲁棒性，在实际中能够满足茶叶病虫害识别的精度与效率要求。因此在算法中将值设为－1、2、－1。

根据徐建鹏等研究[17]的要求，为求取最优的分割阈值，需对病害图像进行灰度化处理，再使用 Otsu 方法求出其较优的分割阈值，其计算方法为：

$$I=\begin{cases}1, I\geqslant\lambda\\0, I<\lambda\end{cases} \tag{4-5}$$

其中 I 表示病害图像中像素点的灰度值，λ 为使得灰度图中所有像素之间方差最大时的值。当图像中像素点灰度值大于该阈值时，则认为该像素点是属于病害危害区域，否则属于背景区域。该阈值采用基于 BP 神经网络的方法进行计算，此处取值为 4.51。

4.5 模型的训练与优化

为实现对茶叶病害的准确识别，在开发工具 Pycharm 中使用 tensorflow 深度学习框架实现茶叶常见病害的深度卷积网络模型。先采用未带最后一层全连接层的图 4－3 所示的模型，对病害图片提取特征值，再作为后续一层全连接层的输入，并进行训练。其训练的基本流程如图 4－4 所示。

在模型的训练过程中，为进一步减少训练时间，降低对资源的要求，在模型的全连接层采用正态分布，方差为 0.000 67，均值取 0。考虑到常见的茶叶病害有 8 个类别，故网络中的全连接层有 8 个分类，分别输出 8 类预测概率。此外，其卷积层与池化层中的参数保持不变，学习率设为 0.000 1，相隔 1 200

次后对学习率进行更新，训练过程中采用 Adam 算法对参数进行调整和优化，该算法原理是用指数滑动平均去估计梯度每个分量的一阶矩和二阶矩，得到每步的更新量，进而确定一个较优的自适应学习率。进行了 100 次迭代后则训练结束。针对自适应的学习率引入了一个修正项，对 Adam 的 variance 进行修正，在训练初期将更新算法修正到随机梯度下降（SGD）的动量算法，消除了在训练期间的手动调优问题，对学习速度变化具有更强的自适应能力，同时能够在数据集和深度学习模型中提供更好的训练精度和泛化能力。

此外，由于收集的茶叶病害样本数据库较小，为提高深度网络模型的精度，对训练数据进行了扩容。具体方法是利用了随机旋转、水平翻转 180°和平移等操作，每张图片在输入前随机采用上述方法进行处理。

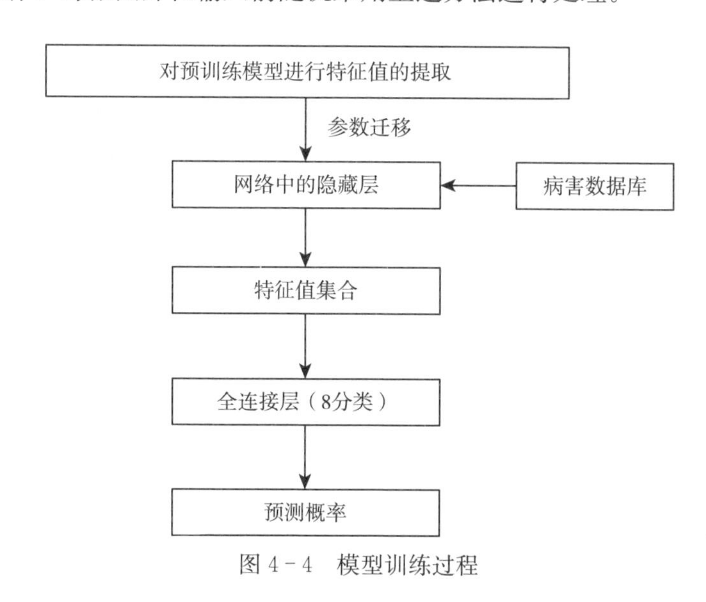

图 4－4　模型训练过程

4.6　采用迁移学习技术的病害识别算法

根据上述讨论，得出本书提出的算法 TLB _ RA 的具体执行过程如下。

（1）采用数据集 ImageNet 训练 InceptionV3 模型。

（2）删减 InceptionV3 模型中的全连接层，只保留该模型中的池化层与卷积层。

（3）按 4.3 节中的参数构建新的全连接层，并与上一步中的池化层与卷积层组建新的网络模型 V3-based Module。

（4）将茶叶病害数据集划分为训练集 training _ set 与验证集 Validation _ set。

（5）根据 4.3 与 4.4 节中的参数对新的网络模型 V3-based Module 进行训练和验证。

4.7 实验及结果分析

4.7.1 数据集的构建

茶叶病害数据是采集各地（主要是贵州地区茶园）的各类病害数字图片，经处理后共 8 类 1 000 多张图片，分辨率为 240×240。为便于分类和识别，将这些图片分为以下几类，涵盖了几类常见的茶叶病害：①茶百星病（样本总数量 700 张，训练集 580 张，验证集 120 张）；②茶饼病（样本总数量 765 张，训练集 590 张，验证集 175 张）；③茶轮斑病（样本总数量 820 张，训练集 500 张，验证集 320 张）；④茶煤病（样本总数量 650 张，训练集 440 张，验证集 210 张）；⑤茶炭疽病（样本总数量 460 张，训练集 300 张，验证集 160 张）；⑥茶网饼病（样本总数量 800 张，训练集 600 张，验证集 200 张）；⑦茶圆赤星病（样本总数量 482 张，训练集 167 张，验证集 315 张）；⑧茶云纹叶枯病（样本总数量 430 张，训练集 270 张，验证集 160 张）。上述各类病虫害图片都为 JPEG 格式并进行了标注，是从各个茶园基地现场采集而得，真实性和针对性较强，标注后的图片属于上述中的某一类，代表性图像如附录彩图二所示。

4.7.2 实验结果分析

采用 Pycharm \ tensorflow 构建实验平台进行模型设计及训练。硬件平台为 I5 \ 16GB \ NVIDIA GeForce RTX2060（6GB）。深度卷积网络模型超参数包含学习率和批大小等不同的参数，学习率会直接影响模型的收敛状态，批大小会影响模型的泛化性能。训练过程中批大小为 128，学习率为 0.000 1，试验中的 ResNet 迭代次数为 85，模型迭代次数为 10。此外，在模型构建与训练过程中，超参数设计参考相关模型在类似数据集上的设计以及在本研究数据集上进行的系列试验，需对超参数进行统一化处理。

此外，采用 Adam 和 RAdam 两种优化器对超参数调优后的模型进行进一步优化，对比模型准确率和损失值，选择相应的优化器。采用准备好的数据集及深度学习网络完成迁移学习，为衡量所提出方法的性能，与已有的 Inception-V2、VGG16 模型进行了比较，统计了模型的测试准确率及单位推断时间，具体如表 4-1 所示。

表 4-1　测试准确率及单位推断时间比较

模型名称	测试准确率（%）	单位推断时间（秒）
Inception-V2	93.7	0.92
VGG16	93.1	1.24
采用迁移学习的病害识别算法	94.6	0.89

从表 4-1 可以看出，由于采用迁移学习技术，本书提出的基于迁移学习的茶叶病害识别算法能更有效地提高测试准确率，其单位推断时间也较为理想，其根本原因在于它对卷积层进行的优化，在保证较好的精度的同时，在小样本的条件下能够有效地降低训练和识别的时间成本。

此外，对具体的茶叶病害而言，为检验提出的算法的识别精度和模型泛化能力，针对 8 种常见的茶叶病害，测试了不同方法的查全率与查准率，统计了采用迁移学习的病害识别算法的查全率与查准率，如表 4-2 所示。从表 4-2 可以看出，本书提出的基于迁移学习的茶叶病害识别算法具备较好的查准率与查全率，表明其具备较好的识别效果，有一定的实际应用价值。

表 4-2　茶叶常见病害的查全率与查准率

模型名称	识别精度	茶白星病	茶饼病	茶轮斑病	茶煤病	茶炭疽病	茶网饼病	茶圆赤星病	茶云纹叶枯病
采用迁移学习的病害识别算法	查全率（%）	90.11	89.43	93.21	87.25	90.24	88.64	91.27	88.65
	查准率（%）	92.47	94.67	94.59	89.27	91.94	89.71	93.55	92.34
Inception-V2	查全率（%）	90.02	88.91	92.61	87.03	89.44	87.96	90.24	88.24
	查准率（%）	92.03	93.55	94.21	88.59	91.28	89.02	92.17	90.79
VGG16	查全率（%）	90.10	89.54	92.67	86.99	90.02	87.87	91.12	88.07
	查准率（%）	91.18	94.39	93.55	89.97	91.01	88.95	94.46	91.40

4.8　本章小结

针对茶叶病害识别算法中深度学习模型对数据样本要求较高、训练效率较低的问题，结合在茶叶病害样本数量较少情况下迁移学习技术在训练方面的优势，提出了一种采用迁移学习技术的茶叶常见病害识别算法，并设计了基于灰度值的图像分割方法。基于现有的 Inception-V3 模型的池化层与卷积层，结合新构建的全连接层，并采用 Adam 和 RAdam 两种优化器对超参数调优后的模型进行优化，再利用迁移学习技术在小样本的条件下获得了较好的精度，在实验中验证了其具备较高的查全率与查准率，实现了对茶叶常见病害的准确识别。与其他常用的深度学习模型相比，其识别效果较好，具备一定的实际应用价值。

参 考 文 献

[1] 谢万森．茶树病虫害绿色防控与统防统治融合示范效果［J］．中国植保导刊，2019，39（9）：65－68.

[2] 孙春霞，邵元海，周红．茶树六种重要叶部病害研究进展［J］．茶叶，2020，46（2）：71－76.

[3] 刘飞，李春华，龚雪蛟．高光谱成像技术在茶叶中的应用研究进展［J］．核农学报，2016，30（7）：1386－1394.

[4] 贾少鹏，高红菊，杭潇．基于深度学习的农作物病虫害图像识别技术研究进展［J］．农业机械学报，2019（7）：314－317.

[5] 孙鹏，陈桂芬，曹丽英．基于注意力卷积神经网络的大豆害虫图像识别［J］．中国农机化学报，2020，41（2）：172－176.

[6] 李静，陈桂芬，安宇．基于优化卷积神经网络的玉米螟虫害图像识别［J］．华南农业大学学报，2019，41（3）：110－116.

[7] Mukhopadhyay Somnath，Paul Munti，Pal Ramen，De Debashis. Tea leaf disease detection using multi-objective image segmentation［J］．Multimedia Tools and Applications，2020，80（1）：753－771.

[8] 姚侃，徐鹏，张广群．基于图像的昆虫分类识别研究综述［J］．智能计算机与应用，2019，9（3）：30－36.

[9] 宋余庆，谢熹，刘哲．基于多层特征融合的农作物病虫害识别方法［J］．农业机械学报，2020（5）：1－11.

[10] 赵恒谦，杨屹峰，刘泽龙，等．农作物叶片病害迁移学习分步识别方法［J］．测绘通报，2021（7）：34－38.

[11] Bai Mingliang，Yang Xusheng，Liu Jinfu，Liu Jiao，Yu DarenConvolutional neural network-based deep transfer learning for fault detection of gas turbine combustion cham-

bers [J]. Applied Energy，2021：302 - 316.

[12] 林朝剑，张广群，杨洁．基于迁移学习的林业业务图像识别 [J]. 南京林业大学学报（自然科学版），2020（4）：215 - 221.

[13] 李云红，于惠康，马登飞等．改进迁移学习的双分支卷积神经网络图像去雾 [J]. 北京航空航天大学学报，2022（8）：2 - 12.

[14] 文益民，员喆，余航．一种新的半监督归纳迁移学习框架：Co-Transfer [J]. 计算机研究与发展，2022（8）：2 - 14.

[15] 竺乐庆，张大兴，张真．基于颜色名和 OpponentSIFT 特征的鳞翅目昆虫图像识别 [J]. 昆虫学报，2015，58（12）：1331 - 1337.

[16] 金瑛，叶飒，李洪磊．基于 ResNet - 50 深度卷积网络的果树病害智能诊断模型研究 [J]. 中国农机学报，2021，33（4）：58 - 67.

[17] 徐建鹏，王杰，徐祥，等．基于 RAdam 卷积神经网络的水稻生育期图像识别 [J]. 农业工程学报，2021，37（8）：144 - 151.

第5章　基于BP神经网络的茶叶病害识别方法

5.1　引言

随着计算机、通信及农业信息化技术的发展，智慧农业已成为当前农业发展的主要趋势，采用人工智能和图像处理技术自动监测和识别病虫害是当前植保领域中的一个热点[1]。与其他农作物相比，茶叶在我国种植面积大，经济价值高，在农业领域中有着重要的地位。然而近些年随着生态环境的变化，茶叶病虫害有加速扩展的趋势，造成的经济损失越来越大。在“精准防控”“绿色防控”的病虫害防治理念指导下，积极应用图像处理、计算机技术，加快农业物联网、人工智能技术在茶叶病虫害防治体系中的应用，不但具有较高的理论价值，而且有着重要的现实意义。人工神经网络作为一种重要的机器学习模型，已经在特征提取、农作物病虫害分类、模式识别等方面得到了一定的应用[1]，相关的应用系统也在实践中得到了推广。但由于种种原因，目前人工神经网络在复杂自然环境下的茶叶病虫害识别的准确性、训练时间、应用经验积累、模型优化等方面仍存在很大不足，如何提高相关识别模型的精度与可靠性仍是一个值得深入研究的课题。

人工神经网络由于具有很强的自适应、自学习的特性，近一二十年来在机器学习领域得到了广泛的关注和应用[2][3]。但基于人工神经网络的分类模型也存在复杂度高、学习速率过慢、难以设计合适的分类器等方面的不足。同时，基于人工神经网络的识别模型也必须经过大量的训练才能达到一定的精度，这限制了人工神经网络在计算与存储能力较低的设备中的应用[4]。近年来，人工智能技术发展迅猛，人工神经网络作为人工智能的重要算法之一，具有优秀的图像分类和识别能力，从其识别的精度来看，可广泛应用于作物病虫害的分类与识别。在病虫害自动监测与识别领域，目前已有一些基于人工神经网络的识别模型方面的研究。骆润玫等[5]针对病虫害严重影响作物正常生长发育的问题，指出可以采用人工智能方法对病虫害进行及时精准的识别与管控，特别是设计和应用基于人工神经网络或深度学习模型的病虫害识别方法，能够有效地对病虫害的发生和趋势进行分析和预警，提升农作物的产量和质量。骆润玫、张鑫等[5][6]对近几年来基于卷积神经网络的农作物病虫害识别研究进展进行了综述，分析了几类基础神经网络的模型结构、网络结构优化方法、卷积神经网络与其他方法的结合应用等问题，并探讨了目前基于卷积神经网络的农作物病虫害识别研究的难点问题，对近年来基于人工神经网络的农作物病虫害识别研究进行了总结。特别是针对深度学习方法在病虫害防治中的应用，重点指出人工神经网络在病虫害识别方面有较好的性能，能够有效地满足现有的农业物联网中对病虫害的分类要求，其应用前景十分广阔。张鑫等[6]对人工神经网络的研究现状进行了总结，重点对基于全卷积神经网络的图像语义分割方法进行了综述和总结。根据不同的应用场景，将图像语义分割方法划分为经典语义分割、实时性语义分割和基于颜色空间的语义分割等几类，并对具有代表性的分割算法进行了深入的分析和对比。同时对常用的作物病虫害公共数据集及相关图像数据集的构建进行了分析，并针对各类算法在常用数据集上进行了对比实验，据此对全卷积神经网络未来的研究方向进行了展望。

深度网络模型对于增强节点数量的需求过于巨大，训练中很容易造成过拟合问题。对此，作为一种较为轻便的深度学习网络，基于函数链神经网络（FLNN）的深度分类器（FLNNDC）具有较好的性能。该分类器通过将几个轻量级的宽度学习子系统堆积成栈式结构，每一个轻量级的宽度学习子系统能够随机选择一部分映射节点生成增强节点，而不是全部映射节点。与传统的分类模型相比，根据几个主流数据集上的实验结果，该分类器具有网络结构较简单，训练速度较快等方面的优势[7]。因此，可以在实现权值共享和局部连接的基础上，构建一个用于具体物种识别的深度网络模型，采用 ReLU 函数作为激活函数，通过 dropout 和正则化等方法避免过度拟合[7]。结果显示，所构建的 CNN 识别模型具有良好的识别精度和泛化能力。随着迭代次数的增加，深度网络模型的性能也会逐步提高，在迭代 1 000 次时分类准确性达到最佳，识别模型的准确率达到 96.56%。总的来看，此类模型使用监督学习的机器学习方式，模型具备较高的识别精度和良好的稳定性，为农作物或养殖品种的精准识别提供了一种新的理论计算模型。类似地，程旭等[8]指出目标检测是计算机视觉领域中最基础且最重要的任务之一，是行为识别与人机交互等高层视觉任务的基础，作物病虫害检测可看作是计算机视觉技术的一个具体应用。随着深度学习技术的进步，目标检测模型的准确率和效率也得到了显著的提升。深刻学习模型与经典的目标检测算法相比，深度学习利用强大的分层特征提取和学习能力使得目标检测算法性能取得了突破性进展。与此同时，大规模数据集的出现及显卡计算能力的快速提升也加快了该类模型的快速发展和应用。此外，该书针对基于深度学习的目标检测现有研究成果进行了分析。总结了传统目标检测算法及其存在的问题，从特征图、上下文模型、边框的优化、类别不平衡、训练策略、弱监督学习和无监督学习几方面分类等对当前主要的目标检测算法进行了对比，并对目标检测算法中待解决的问题和未来研究方向进行了分析与展望。

与深度学习模型相比，反向传播神经网络（BP-ANN）在分类能力方面具有计算复杂度较低，对数据集的依赖性不高等优势，在病虫害识别方法的设计与应用方面具有很大的潜力。为此，本书通过对 BP 神经网络的特征矢量进行压缩、适当地简化神经元的数据，设计了一种基于 BP 神经网络的茶叶病害识别方法，实现了对茶饼病、茶炭疽病、茶煤病等 3 种西南地区茶园常见的茶叶病害进行自动识别。这 3 种茶叶病害是该地区主要的病害，对嫩叶损害较大，严重降低茶叶品质，每年给茶产业造成很大损失。实验中对该方法进行了验证，结果表明，该方法在保证茶叶病害识别精度的同时，具有较高的分类精度与可靠性，且能有效地提高算法的训练速率，适合在移动设备中部署和应用。

5.2 BP 神经网络

BP 神经网络通常由三部分组成，即输入层（Input Layer）、隐含层（Hidden Layer）和输出层（Output Layer），每一层都含有不同数量的神经元[9]，根据茶叶病害的种类及图像预处理、特征提取等的要求，基于 BP 神经网络的病害识别算法模型结构如图 5-1 所示。

图 5-1 中 i1 至 i6 为输入层节点，H1-H4 为隐含层结点，out1-out3 为输出层结点。输入层的处理单元数等于输入向量列分量的维数，隐含层神经元数可按舒双宝等[9]的经验公式求得。从图 5-1 可以看出，BP 神经网络工作的基本原理是信号正向传播，而误差信息反向传播。训练过程中是根据输出后的误差来估计输出层的直接前导层的误差，再采用该误差估计更前一层的误差数据，按照该方法逐层进行误差传导，可以得到网络中所有其他各层的误差数

据。由此可见，BP 神经网络需要从正反两个方向对网络的信号进行分析和计算。首先是数据的正向传播，信号先由输入层向前传播到各隐含层，经过一系列的激发函数处理和运算后，再把信号传导到网络的输出层，直至最后输出经过神经单元处理后的结果。在此过程中，通过计算能够得到网络中各个神经单元存在的误差权值，并对其权值进行修正，反复进行上述过程，即进行反复的测试与训练后可以得到较为精确的权值，达到某个阈值后，训练过程结束，该模型即可用于下一步的分类。

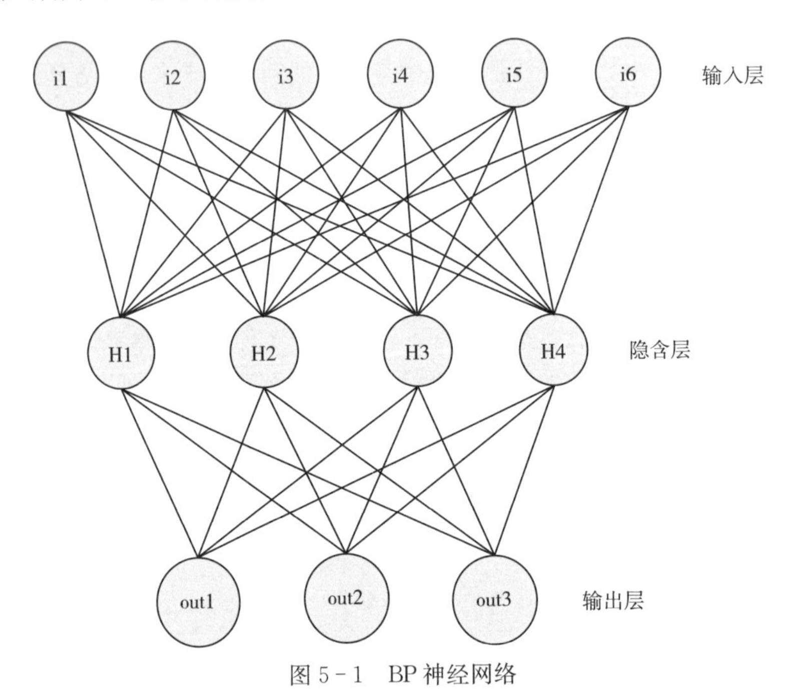

图 5-1　BP 神经网络

考虑到茶叶病害的种类较多，但危害较大的只有茶饼病、茶炭疽病、茶煤病等几种，故在基于 BP 神经网络的茶叶病害识别模型中，只针对上述几种病害进行训练与识别。因此在模型的输出层中设置了 3 个节点，分别对应 3 个病害类别。

输入层的数据来源于特征提取模块的运行结果。为提高计算效率，降低复杂度，直接采用方向梯度直方图（HOG）算法进行特征提取。该方法可对病害图像的纹理细节梯度的方向密度分布进行精确的表示，具备较好的光学不变性，有利于下一步的分类。首先是对病害图像进行灰度化再使用 Gamma 方法图像进行颜色空间的标准化，可有效地优化图像的对比度，削减局部阴影及光照变化的不利影响。接下来统计病害图像中各像素的梯度大小及方向。以块为单位（每块为 9×9 像素）构建各块的梯度直方图，进而构建各图像的 HOG 特征。

为保证病害识别算法的分类精度，在模型的隐含层采用 S 型函数作为激发函数，模型的输出层选用线性函数模型。隐含层输出为 S 型函数[10]，即：

$$y_h=\frac{1}{1+e^{-net}} \tag{5-1}$$

其中 y_h 表示隐含层的输出，net 表示输入。根据神经单元的激励机制，可计算得到整个神经网络的输出结果：

$$y_k = \sum_{i=1}^{n} v_{ki} o_i \tag{5-2}$$

式中 y_k 为整个神经网络的输出函数，v_{ki} 为输出层神经单元 k 与隐含层神经单元 i 的连接权值，取区间［−5，5］之间的随机值。

根据上述分析，可知在确定连接权值之后，就可以在已知网络输入信号的情况下得到相应的输出结果。相应的算法基本流程如图 5-2 所示。

值得指出的是，在模型的训练过程中，权值的更新采用公式（5-3）进行：

$$\begin{aligned} w_{kj}^{o}(t+1) &= w_{kj}^{o}(t)+\eta\delta_{pk}^{o}O_{pj}^{k} \\ w_{kj}^{h}(t+1) &= w_{ji}^{h}(t)+\eta\delta_{pj}^{o}x_{pj} \end{aligned} \tag{5-3}$$

本质上，上述权值的更新采用的是误差反向传播的梯度下降方法，即计算的时候根据误差从后向前计算，将计算结果向初始反向传递[10]。

5.3 茶叶病害识别方法的设计

首先，为弥补茶叶病害数据集的不足，对茶叶病害图像进行预处理。考虑到处理的效率，可以采用双立方插值算法消除病害图像的冗余度，其原理如式（5-4）所示：

$$f(x) = \sum_{i=0}^{K-11} C_i h(x-x_i) \tag{5-4}$$

式中的 C_i 为系数，h（x）为插值的核函数。与此同时，对输入数据的特征矢量进行压缩，减少其维数。因此，使用 KL 变换对特征矢量进行变换处理，相关的计算如式（5-5）[10]所示：

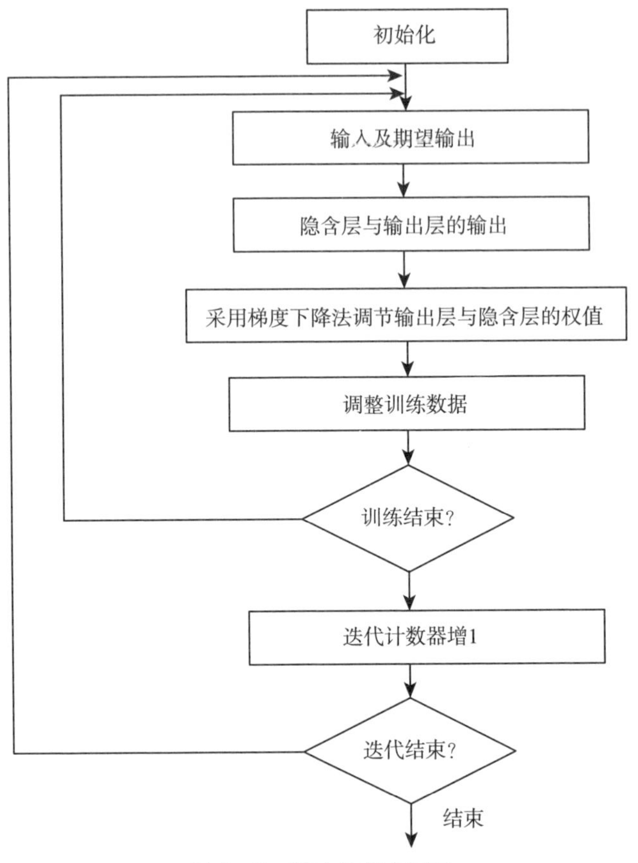

图 5-2　算法的基本流程

$$R_b = \sum_{k=1}^{P} m_k m_k^T \tag{5-5}$$

其中 m_k 为各样本图像的均值。

其次，一般在 BP 神经网络中，隐含层的神经元数直接决定了识别算法的训练时间，过多和过少都不合适。对此，根据王科俊等[11]的方法，将网络隐含层的神经元个数按式（5-6）进行计算：

$$h=Kn \tag{5-6}$$

其中 n 为参数，取 0.35。

此外，为便于模型的计算，在 BP 网络中，输入神经元的和输出神经元的个数即为茶叶病害的类别。因此，先对输入矢量标准化，为简化模型的训练，按式（5-7）进行标准化，即：

$$x'=(x_i-\overline{x}_i)/\sigma(x_i) \tag{5-7}$$

其中 $\overline{x}_i$ 和 $\sigma(x_i)$ 分别代表样本第 i 个分量的均值与均方差。

最后，关于输入和连接权值的选取问题，王科俊等[11][12]已做了大量的工作，考虑到模型的计算复杂度不宜过高，在区间［－5，5］内对连接值进行随机选取，可以取得较为合适的值。

5.4 实验结果及分析

为衡量本章提出的方法对茶叶病害的分类与识别性能，使用 Python 编程语言对上节中的基于 BP 神经网络的茶叶病害识别方法进行了实验，并进行了训练及性能评估。训练集中，针对茶叶病害数据集进行了预处理。经预处理后共有茶饼病、茶炭疽病、茶煤病 3 类茶叶病害。图像的分辨率修正为 240×240。为便于分类和识别，具体将这些图片分为以下几类，涵盖了样本数据的划分。其中茶饼病样本总数量 230 张，训练集 120 张，验证集 110 张；茶煤病样本总数量 250 张，训练集 140 张，验证集 110 张。茶炭疽病样本总数量 300 张，训练集 200 张，验证集 100 张。

上述各类病虫害图片都为 JPEG 格式并进行了标注，采用旋转、镜像等方式进行了变换。各类病害图片采集于西南地区某山地茶园现场，标注后的图片属于上述中的某一类，真实性和实时性较强，覆盖了病害的整个周期。

为便于比较不同病害识别方法的性能，将提出的方法与采用支持向量机的病害识别方法进行了对比，得到的实验结果如表 5－1 所示：

表 5－1　不同方法的性能对比

识别方法	测试集错误率（%）	测试集拒判率（%）	训练集错误率（%）	训练集拒判率（%）	训练时间（秒）
基于 BP 神经网络的方法	5.2	0.1	0	0.02	3.12
基于支持向量机的方法	5.9	0.2	0	0.02	3.45

从表 5－1 不难看出，基于 BP 神经网络的茶叶病害识别方法在测试集中的表现优于基于支持向量机的病害识别方法，其准确率高于后者，且针对测试集的错误率也较低，同时所用的训练时间也较短。这表明本书的方法不但有效提高了算法的执行效率，而且也具备较高的识别可靠性，能更好地适应茶叶病

害形态多变、图像纹理细节较多的特点。

表 5-2 显示了在不同光照条件下两类算法的识别率和训练时间。可以看出，基于 BP 神经网络的识别方法在识别率和训练时间方面都优于基于支持向量机的方法，由于该方法参数与结构经过了优化，不但具有较好的识别正确率和可靠性，而且训练时间也有优势，有助于在移动设备上部署和应用，实现对病害的实时识别。

表 5-2　不同光照条件下的识别率

识别方法	识别率（%）	训练时间（秒）
基于 BP 神经网络的方法	91.3	4.12
基于支持向量机的方法	90.7	4.91

表 5-3 显示了在茶叶病害图像存在遮挡的情况下的识别率。可以看出，基于 BP 神经网络的识别方法在茶叶病虫害图像被遮挡 5%的情况下，识别率较舒双宝等的[9]方法提高了 1.7 个百分点，在被遮挡 20%的情况下提高了 0.6 个百分点，表明本书的方法具有较强的鲁棒性与可靠性，更能适应茶叶种植的现场环境。

表 5-3　不同方法在有遮挡情况时的识别率

识别方法	5%遮挡情况下的识别率（%）	20%遮挡情况下的识别率（%）	训练时间（秒）
基于 BP 神经网络的方法	90.4	88.7	5.01
基于支持向量机的方法	88.7	88.1	6.43

5.5　本章小结

本书在分析 BP 神经网络原理的基础上，通过简化 BP 神经网络的神经元和优化神经网络的输入矢量，设计了一种基于 BP 神经网络的茶叶病害识别方法，并采用 Python 语言进行了实现，实现了对茶叶常见的几种病害，即茶叶炭疽病、茶饼病、茶煤病的准确识别。实验结果表明，与典型的识别算法相比，该方法不但具有较好的识别正确率和可靠性，而且训练时间也有优势，对数据样本的要求不高，在小样本的条件下对病害也具备了较高的识别准确率。

该方法可以加以实现后应用于移动 App 中，构建针对茶叶病害的识别系统，实现茶叶典型病害的远程监测与自动识别。其训练时间较少、执行效率较高、识别准确率较优，有利于利用计算、存储能力较低的设备实现精度较高的茶叶病害识别。

参 考 文 献

[1] Klare B F，Burge M J，Klontz J C. Face Recognition Performance：Role of Demographic Information [J]. IEEE Transactions on Information Forensics and Security，2012，7 (6)：1789 - 1801.

[2] Sudha N，Mohan A R，Meher P K. A. Self-Configurable Systolic Architecture for Face Recognition System Based on Principal Component Neural Network [J]. IEEE Transactions on Circuits and Systems for Video Technology，2011，21 (8)：1071 - 1084.

[3] 杨妮娜，黄大野，万鹏，等．茶树主要害虫研究进展 [J]. 计算机应用研究．2009，26 (9)：3205 - 3209.

[4] 方蔚涛，马鹏，成正斌．二维投影非负矩阵分解算法及其在人脸识别中的应用 [J]. 自动化学报，2012，38 (9)：1504 - 1512.

[5] 骆润玫，王卫星．基于卷积神经网络的植物病虫害识别研究综述 [J]. 自动化与信息工程，2021，42 (5)：2 - 10.

[6] 张鑫，姚庆安，赵健，等．全卷积神经网络图像语义分割方法综述 [J]. 计算机工程与应用，2022，58 (8)：45 - 56.

[7] 蔡卫明，庞海通，张一涛，等．基于卷积神经网络的养殖鱼类品种识别模型 [J]. 水产学报，2021 (6)：3 - 11.

[8] 程旭，宋晨，史金钢，周琳，等．基于深度学习的通用目标检测研究综述 [J]. 电子学报，2021，49 (7)：1429 - 1438.

[9] 舒双宝，罗家融．一种基于支持向量机的人脸识别新方法 [J]. 计算机仿真，2011，28 (2)：280 - 283.

[10] 梁晓丽．人工神经网络在人脸识别分类中的应用 [J]. 计算机光盘与应用，2010 (16)：41 - 42.

[11] 王科俊，邹国锋．基于子模式的 Gabor 特征融合的单样本人脸识别 [J]. 模式识别与人工智能，2013，26 (1)：51 - 55.

[12] Manjunath N，Anmol Nayak. Performance analysis of various distance measures for PCA based Face Recognition [C] //National Conference on Recent Advances in Electronics & Computer Engineering，2015 (12).

第6章　基于改进支持向量机的茶叶病虫害识别方法

6.1　引言

支持向量机（SVM）是一种经典的机器学习方法，其本质上属于一种二分类模型，可以在小样本数据集的条件下求解非线性问题，在机器学习领域已得到广泛的研究和应用[1]。支持向量机的基本思想是在数据集线性可分的前提下，能够搜索到完全分离两个样本的最优超平面，进而完成对数据的分类操作。如果针对的是非线性问题，则可采用该方法将问题转化为线性可分问题，再进行下一步的求解。在基于支持向量机的分类模型中，主要任务是构建一个定义在特征空间上的间隔最大的线性分类器，从而使其在分类原理方面与感知机有所区别。相比较而言，基于感知机的神经网络本质上是属于非线性的一种分类器，其在学习效率，原理的可解释性方面较支持向量机要复杂得多。

从算法原理角度进行分析，基于支持向量机的模型在构建过程中可以采用核技巧，使其成为实质上的一个非线性分类器，非常有利于提高算法的学习效率。此外，在学习过程中，支持向量机所采用的学习策略是间隔最大化，可以将其形式化地表示为解决一个凸二次规划的问题，同时也可将其等价于求解一个正则化的损失函数极小值问题。因此，支持向量机的学习算法就是求解凸二次规划的最优算法，在现有的理论框架内，求解凸二次规划问题已有很多成熟的方法，如采用拉格朗日乘子法、梯度投影法、椭球法等，该类求解易于实现，复杂度并不高，具备较高的实际应用价值。如图6-1所示，支持向量机能够正确划分训练数据集，并构建一个使样本几何间隔最大的分离超平面。显然，对于线性可分的数据集来说，分离超平面可以存在无数个，但只存在一个几何间隔最大的分离超平面[2]，实际应用场景中求解该分离超平面也较为简便，与神经网络及深度学习网络模型相比其复杂度显著减少。

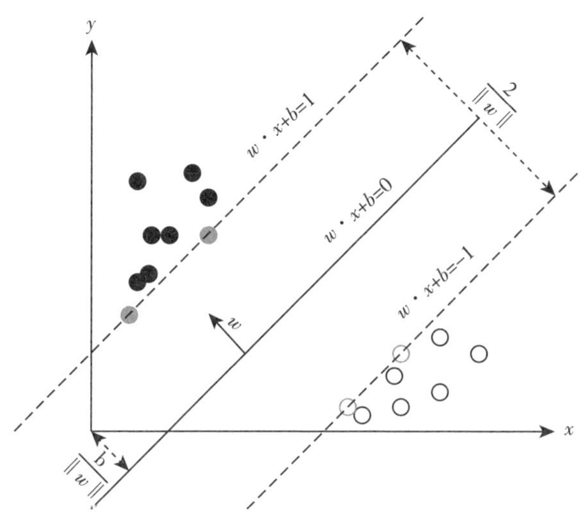

图 6-1 支持向量机基本原理

从图 6-1 可以看出，分离超平面与最近数据点之间的距离可以看作是二者的边距，能够将两个不同数据类分开的最优超平面显然是具备最大边距的分离线，而这些点与定义超平面和分类器的构造有关，从而被称为支持向量。从结构上来看，它们构成了超平面，在此基础上可以实现对样本数据的分类操作[2]。在实践过程中，茶叶病虫害的类别并不多，目前常见的具有较大危害的病虫害只有十几种，这些病虫害形态区分度大，危害特征明显，图像采集较为方便，且纹理结构并不十分复杂，采用支持向量机、神经网络等机器学习技术对常见病虫害进行分类和识别是可行的[2]。

近几年来，随着机器学习技术的广泛应用，使用支持向量机对作物病虫害进行识别已取得了一些研究成果。基于支持向量机的识别算法复杂度较低，对样本数据需求量较少，且算法便于实现，识别准确率也较高，算法综合性能较高。刘翠翠等[3][4]通过采用支持向量机算法提取麦冬叶部的害虫图像的颜色、形状等特征，再对相关特征进行学习，得到了害虫分类模型，可以较为准确地识别出相关的害虫类型。有学者[5]通过采集害虫图像特征，构建水稻害虫数据集，在此基础上设置目标害虫之间、目标害虫和非目标昆虫之间比例在最佳范围内，构建了基于支持向量机的害虫识别模型，获得了较高的识别精度，并将其应用到实际的稻田害虫防控系统中。吕军等[6]提出了一种基于后验概率的支持向量机分类算法，用于对水稻害虫进行识别。该算法统计并分析了害虫测试集所有样本的后验概率，并在此基础上完成了该模型的训练，实验表明该算法有效地提高了水稻害虫的识别率。张红涛等[7]提出了一种采用布谷鸟算法优化支持向量机的惩罚因子和径向核函数的方法，在此基础上采用支持向量机对谷子叶片害虫进行自动识别，实验中取得了较高的平均识别率，具有较大的实际应用价值。

综合现有的文献来看，首先，基于支持向量机的识别算法对具有较大差异性的农作物病虫害具有较高的识别正确率。但由于农作物病虫害的外观形态具有较强的特殊性，主要体现在害虫体积小，病虫害颜色与背景颜色差异性不够大，各类病虫害的纹理存在一定的相似性，导致识别算法的识别率较低，难以满足病虫害防控需求。此外，在实际使用时，支持向量机也存在对大规模训练数据集的支持不够好，与深度学习算法相比，基于支持向量机的识别算法的学习能力有较大的差距。其次，在大多数情况下，基于支持向量机的识别算法需要采用二次规划来计算支持向量，在此过程中会使用到矩阵运算，其计算复杂度比较高，不适合应用于一些计算和存储资源较低的场合。最后，支持向量机对多分类问题的支持并不好，其分类的准确率较低，算法效率不高。基于支持向量机的算法的分类准确率与核函数的选择紧密相关，目前也并没有一种通用的核函数选择方法，即使应用性能较好的高斯核函数，其参数的优化也是一个较为复杂的问题[7]。

针对这个问题，本章设计了一种改进支持向量机的茶叶病虫害识别方法，通过对茶叶病虫害的外观多特征融合识别，避免单一特征识别的缺陷，更能符合病虫害识别的实际情况，并在实验中对提出的算法进行了验证。

6.2 改进的支持向量机模型

传统的支持向量机理论能够有效解决基于超平面分类的二分类问题。值得指出的是，二分类问题作为一种现实中广泛存在的问题，是当前模式识别的主要形式之一。从理论上来看，将模型的多维度数据作为超平面的位置变量信息，模型中的各类元素便可以转化为超平面内的若干个点，接着通过寻找一个最优的超平面就可以对以上点达成最佳的划分，也即实现了对该问题的二分类，达到识别的目的。

因此，可以对分类问题进行描述：对于一个需要进行分类的线性样本（x_i，y_i）而言，其中 $i=1$，2，…，l，l 表示样本集中的元素个数。x_i 为一个向量，其属于 n 维空间中的实数域，y_i 表示分类标志，也即 x_i 的所属的类别，在二分类问题中可以有 $y_i=1$ 或者 $y_i=-1$[9]，分别表示不同的类别。

在进行数据分类之前，应首先考虑到不同维度的 x_i，其所属的量纲和数值数量级大小之间存在着比较大的差异，在进行规范化或归一化处理之前对其直接进行分类将会导致部分维度的数据被放大或缩小了其对分类结果的影响，会导致分类结果不准确，偏离实际所属类别。因此需要将原始的数据进行归一化处理，基本处理方式如式（6-1）所示。所有的数据平衡后转化为［0，1］的数。通过对数据集进行归一化处理，能够将初始数据转化为指定区域的数据，便于进行下一步的各类操作。

归一化处理的基本原理如式（6-1）所示[10]：

$$\bar{x}_{i,d}=\frac{x_{i,d}-x_{\min,d}}{x_{\max,d}-x_{\min,d}} \tag{6-1}$$

式中，$\bar{x}_{i,d}$表示第 d 维的数据进行归一化运算之后的数据，$x_{i,d}$为第 d 维数据的归一化之前的数据，$x_{\min,d}$为第 d 维数据的最小值，$x_{max,d}$表示第 d 维数据的归一化之前的最大值。

假设超空间中存在一个超平面的表达式如式（6-2）所示，该超平面可以实现将样本元素进行二分类。值得注意的是该式中均为实数域的向量，可以将二者进行卷积运算。

$$wx+b=0 \tag{6-2}$$

式中的 w 和 b 均为实数域的向量，其对应的运算属于卷积运算，本质上是描述了一个对数据进行划分的超平面。

此外，定义超空间中的线性分类判别函数 $\mathrm{g}(x)$ 如式（6-3）所示。当 $\mathrm{g}(x)=wx_i+b>0$ 时将 x_i 归类为 1，即 $y_i=1$，当 $\mathrm{g}(x)=wx_i+b<0$ 时则将 x_i 归类为-1，即 $y_i=-1$，实现了对数据的分类操作。

$$\mathrm{g}(x)=wx+b \tag{6-3}$$

针对函数 $\mathrm{g}(x)$ 进行归一化处理后，能够使得离分类平面最近的元素满足 $|\mathrm{g}(x)|=1$，此时模型的分类间隔可表示为 $\|w\|/2$，如要求使分类间隔最大化则意味着要求 $\|w\|$ 最大化，而最大化是数据分类的一个基本要求。在进行图像识别时，$\|w\|$ 最大化可以显著提高图像识别的精度。

因此，要使模型能够实现对所有样本的正确分类，即要满足如式（6-4）所示的约束条件。

$$y_i[(wx_i+b)]>0, i=1,2,\cdots,l \tag{6-4}$$

从式（6-4）可以看出，当 y_i 和 wx_i+b 同时为 1 或者同时为 −1 时，表明分类结果是正确的，式（6-4）一定会成立。而当 y_i 和 wx_i+b 同时不为 1 或者同时不为 −1 时，那么会有式（6-5）成立[10]。

$$y_i[(wx_i+b)]<0, i=1,2,\cdots,l \tag{6-5}$$

基于上述分析，最优超平面可以由式（6-6）进行求解，该式本质上是将其转换为一个优化问题。

$$\begin{cases}\min f(w)=\dfrac{1}{2}\|w\|^2 \\ y_i[(wx_i+b)]>0, i=1,2,\cdots,l\end{cases} \tag{6-6}$$

式（6-6）中，$f(w)$ 代表目标函数。基于拉格朗日乘数法，其约束条件通过增加惩罚函数的形式进行变换，通过为函数增加松弛变量后[14]，可得到如式（6-7）所示的目标函数。

$$\min f(w)=\frac{1}{2}\|w\|^2+[\min(-\delta, y_i(wx_i+b))]^2 \tag{6-7}$$

值得注意的是，当（x_i，y_i）不满足分类条件，即 $y_i[(wx_i+b)]>0$ 时，相应的惩罚函数也为零，但此时对目标函数并无影响。而当 $y_i[(wx_i+b)]<-\delta$ 不满足分类条件时，则该惩罚函数将会对目标函数产生影响，能够有效地保证模型的精度不会下降。

6.3 参数优化方法

为保证支持向量机模型的分类准确性，对上一节讨论的支持向量机模型进行改进，拟引入损失函数 ε，以生成回归型支持向量机，解决回归拟合方面的计算效率问题。在此基础上，可以找到一个最优分类面使得所有训练样本离该最优分类面的平均误差最小[11]，最终能够让支持向量机模型具备较强的分类功能。

针对支持向量机模型的训练样本集可以将其设为 $\{(x_i, y_i), i=1,2,\cdots,n\}$，其中的 x_i 是第 i 个样本。其本质上是一个 D 维列向量，形如 $x_i=[x_i^1, x_i^2, \cdots, x_i^D]^T$，其中 y_i 为第 i 个样本的输出值。

相应的回归函数可表示为式（6-8）。

$$f(x) = \sum_{x}^{n}(a_x - a_x^*)K(x, x_x) + b \tag{6-8}$$

式（6-8）中，a_x 为拉格朗日乘子，$K(x, x_x)$ 代表核函数，b 为偏置量。

根据式（6－8）可知，采用相应的拉格朗日乘子法可对上式进行求解，具体方法可表示为式（6－9）。

$$\sum_{x}^{n}(a_x - a_x^*) = 0$$
$$a_x - a_x^* \in [0, C] \tag{6-9}$$

式（6－9）中的 C 为惩罚函数。

在实际应用过程中，根据病虫害图像处理的需要，采用以下形式的核函数：

$$K(x, x_x) = \exp\left(-\frac{\| x - x_x \|}{2\rho^2}\right) \tag{6-10}$$

式中的 ρ 为参数。本质上，引入核函数将非线性特征由低维空间转换到高维空间，即通过核函数将高维空间的内积运算转化为低维空间的内积计算，在很大程度上简化了计算，有利于降低模型计算的复杂度，同时能够将支持向量机扩展到非线性问题。在大多数图像识别应用场景下，目前常用的核函数包括多项式核、径向基核函数、线性核等，各有优劣。其中径向基核函数效果较好，已广泛应用于小样本、非线性及高维数据的识别中[12]。

因此，惩罚系数 C 和核参数 ρ 是支持向量机中的关键参数，其中 C 也可视为支持向量机的松弛向量参数，即正则项的系数，其主要功能是对模型的风险和复杂度进行平滑操作，以保证模型的分类性能。一般情况下，当参数 C 较小时，模型的分界面较为平滑，当 C 的值增加时，支持向量机模型可以选择更多的支持向量来确保模型分类精度。参数 ρ 描述了单个训练样本对分类结果的影响，本质上是表征了当前所使用的核函数的宽度。一般情况下，参数 ρ 越大其影响半径越小，出现过拟合的可能性越大。反之，参数 ρ 越小影响半径越大，越容易导致模型在训练时发生欠拟合现象，严重降低模型的识别精度。因此获得最优参数 C 和 ρ 是保证模型分类精度的一个关键，优化的参数会使分类器有较高的分类精度[13]。然而在实际图像识别过程中，如何选取参数 C 和 ρ 仍是一个较为困难的问题，一般是采用搜索并进行多次尝试的策略。实际应用场景中可能在训练数据上识别精度较高，但在测试集上不一定会得到较高的预测精度，此时应考虑对 C 和 ρ 进优化。

考虑到核函数中的 ρ 参数对模型的分类能力具有重要的意义，对支持向量机模型进行以下改进。

$$\begin{cases} K(x,x_x) = \beta\exp\left(-\dfrac{\| x - x_x \|}{2\rho^2}\right) \\ \beta = \sum\limits_{i=0,j=0}^{n} |x_i - y_j| \cdot \rho^{\frac{1}{2}} \end{cases} \tag{6-11}$$

式（6－11）中，采用β来实现对支持向量机的参数平滑，可以在很大程度上保证模型的最优超平面。将其采用式（6－11）的方法进行处理后，能够显著提高支持向量机模型的分类精度，其效果也在相关的实验中得到了验证。

6.4 茶叶病虫害图像的预处理及特征提取

为便于采用支持向量机对茶叶病虫害进行识别，首先对茶叶病虫害图像进行预处理。根据所采集到的茶叶病虫害图像的特点，采用图像增强、去噪等方法对图片进行预处理，可以显著降低环境、光照、角度等因素对基于支持向量机的图像识别方法造成的不利影响。然后对处理后的图像进行归一化，使得图像的大小保持一致，为后续 Gabor 滤波器提取特征值提供条件。经过特征值提取后的图片再一次采用下采样方式进行降维，最后将降维后的特征向量采用不同核函数的支持向量机模型进行分类和识别。值得指出的是，每一类支持向量机实现了对特定一类茶叶病虫害的识别。

病虫害图像预处理的主要运算是灰度化与图像归一化。其中图像灰度化是根据采集的图像样本库，样本库中的每幅图像都是定义为 RGB 空间的彩色图片，图像的每一个像素点均是由 RGB 的 3 个分量共同决定，像素中的每个分量所占的位数决定了图像的颜色。将 RGB 图像进行灰度化处理，即是对图像 RGB 的 3 个分量进行加权平均运算，可以得到该图像的灰度值，如式（6－12）所示[8]。

$$\Gamma = kR + lG + mB \tag{6-12}$$

式（6－12）中的Γ为病虫害图像的灰度值，k，l，m 为参数，考虑到计算复杂度，将上述参数分别取 0.24，0.68，0.065，再进行灰度级变换，即：

$$s = T(\Gamma) \tag{6-13}$$

当 $0 < r \leqslant 1$ 时，T（Γ）为单一值且为单调递增函数，能够保证病虫害图片灰度级的变化是梯度平滑的。$0 < r \leqslant 1$，该函数的值域为区间（0，1]，可以保证病虫害图片的灰度值的一致性。

在上述操作的基础上，为保证识别的准确率，应进一步进行病虫害图像中值滤波与归一化运算，其基本方法是将所采集的病虫害图片的每一像素点的灰度值设置为该点某一个邻域窗口内的所有像素点灰度值的平均值，本质上是对病虫害图像执行平滑运算。然后对病虫害图像的大小进行合适的调整，为便于处理，将所有病虫害图像调整为 32×32 像素大小的图片，以提高图像处理的效率，降低模型在计算过程中的时间复杂度。

为提高模型的识别精度，采用融合颜色矩、颜色聚合向量、局部二值模式统计直方图等几种方式构成颜色纹理特征，并将颜色矩作为颜色特征。其中颜色特征包括颜色矩和颜色聚合向量局部二值模式，将统计直方图纹理特征作为茶叶病虫害数字图像的识别特征[12]。本质上，在图像处理过程中，颜色矩可以用来表示图像中的一种简单有效的颜色特征，其基本原理是将数字图像中的颜色分布用相应的矩进行表示。考虑到颜色信息主要分布于低阶矩中，所以用颜色一阶矩、颜色二阶矩和颜色三阶矩就可以准确地描述出数字图像的颜色分布。该方法的特点在于不需要颜色空间量化，且特征向量维数较低，为了避免降低模型的分类能力，在实际使用时通常与其他特征结合起来使用。

在上述讨论的基础上，颜色矩如下式所示[11]。

$$\mu_i = \frac{1}{N}\sum_{j=1}^{N} p_{i,j} \tag{6-14}$$

$$\sigma_i = \left[\frac{1}{N}\sum_{j=1}^{N}(p_{i,j} - \mu_i)^2\right]^{\frac{1}{2}} \tag{6-15}$$

$$s_i = \left[\frac{1}{N}\sum_{j=1}^{N}(p_{i,j} - \mu_i)^3\right]^{\frac{1}{3}} \tag{6-16}$$

上式中，N 为像素点的数量。

经过上述处理后，病虫害的图像在纹理、大小、分辨率、特征值等方面能较好地适应支持向量机模型的要求，相应的训练过程也易于实现，模型的识别精度也能得到一定程度的保证。

6.5 模型的训练过程

在上述各节的基础上，模型的训练过程如下所示。

(1) 选取茶炭疽病、茶煤病、茶尺蠖、茶绿蛾四种病虫害图片各 250 张，共 1 000 张图片样本。

(2) 根据上一节中的处理方法对病虫害图像进行预处理。

(3) 根据式(6-12)和式(6-13)对图片进行归一化与灰度化处理。

(4) 根据式(6-13)(6-14)(6-15)(6-16)计算病虫害图片的颜色特征与纹理特征。

(5) 将每一类病虫害的图片样本平均分为3份，分别为训练集、验证集和测试集。

(6) 将样本输入核函数分类器，计算参数 C 和 ρ 的值，并在此基础上，完成支持向量机模型的训练。

(7) 使用支持向量机模型对病虫害图像进行分类测试。

6.6 实验及结果分析

6.6.1 实验方案及参数设置

为验证提出的算法性能，构建了实验平台，具体为：操作系统为windows10，处理器为i7-3.0GHz。机器内存为16GB，于Python工具Pycharm中集成openCV和tensorflow库，使用Python语言实现基于支持向量机的茶叶病虫害识别方法。模型中的参数取经验值12.37，对支持向量机的参数进行平滑的常量取0.344。实验采用的病虫害图片数据集包含了炭疽病、茶煤病、茶尺蠖、茶绿蛾等4类常见的病虫害，将采集到的茶叶病虫害图片进行灰度化、归一化并完成特征提取操作。每一类都有250张子图片，数据集中共有1 000张子图片。如前所述，对图片采用高斯噪声变换、运动模糊变换、灰度变换、对比度等方式进行预处理，采用垂直变换、水平变换以及角度变换等进行尺度变换，图片分辨率为240×240。抽取的图像特征包括颜色矩、颜色聚合向量、颜色特征和纹理特征等几种主要特征。在数据集中设置训练集和验证集、测试集的比例为2∶1∶1。具体如附录的彩图四所示。

6.6.2 实验结果分析

为验证基于支持向量机的茶叶病虫害识别方法的识别准确率，将其与传统的SVM方法、基于颜色特征的SVM方法进行了对比。表6-1列出了不同方法在不同参数设置时的病虫害识别率。在实验前已设置了训练模型最优参数惩罚因子 C 和最优径向核函数 ρ，并对分类模型最优参数及识别结果进行了统计。其中本章的方法是采用6.4和6.5小节的内容构建的改进支持向量机模型，将其与传统的SVM模型和基于颜色特征的支持向量机模型进行性能对比，重点比较其训练集识别率、测试集识别率和总体识别率。从表 6-1 来看，传统的支持向量机分类模型的支持向量机方法选择径向基函数，基于颜色特征的模型的最优参数，即 C 和 ρ 分别为 10.5 和 2.15，训练集识别率为 92.1%，测试集识别率为 92.8%。基于颜色特征的 SVM 中的 C 和最优径向核函数 ρ 分别为 9.37 和 2.30，训练集识别率为 97.4%，测试集识别率为 97.5%。本章提出的方法识别模型 C 和最优径向核函数 ρ 分别为 12.37 和 3.19，训练集识别率为 98.6%，测试集识别率为 98.9%，比其他两个方法分别高出数个百分点，表明该方法能更好地对病虫害进行识别，具有更大的实际应用价值。

表 6-2 为不同方法对茶叶病虫害图像的形状特征、多特征的平均识别率、训练时间、平均测试时间等的统计。从表 6-2 可以看出，采用融合颜色矩、颜色聚合向量、局部二值模式统计直方图等几种方式构成颜色纹理特征对提高茶叶病虫害的平均识别率比较有效，说明颜色特征平均识别率和纹理特征平均识别率都较为理想。在实际应用过程中，随着纹理与特征组合的增加，各类方法对病虫害的平均识别率也逐渐提高，表明在设计茶叶病虫害识别算法时，如果选择颜色纹理特征将有利于对病虫害的精准识别。不难看出，本章提出的识别算法对害虫平均识别率均值为 97.58%，具备较强的实际应用价值。而基于颜色特征的 SVM 识别模型对害虫平均识别率均值为 96.84%，传统的 SVM 识别模型对病虫害的平均识别率均值为 92.39%，距离实际应用场合有一定的差距。

表 6-1 不同方法的性能对比（1）

识别方法	参数设置（%）	训练集识别率（%）	测试集识别率（%）
本章提出的方法	C 和 ρ 分别为 12.37 和 3.19	98.6	98.9
传统 SVM	C 和 ρ 分别为 10.5 和 2.15	92.1	92.8
基于颜色特征的 SVM	C 和 ρ 分别为 9.37 和 2.30	97.4	97.5

表 6-2 不同方法的性能对比（2）

识别方法	平均识别率（%）	训练时间（秒）	平均测试时间（秒/张）
本章提出的方法	97.58	2 149	$1.2*10^{-4}$
传统 SVM	92.39	4 547	$6.1*10^{-4}$
基于颜色特征的 SVM	96.84	5 371	$4.77*10^{-4}$

此外，在测试集中，本章的识别模型在对参数进行优化后具有更高的精

度，本章提出的方法的训练时间减少了2 000～3 000秒，而平均测试时间减少了（3×10^{-4}至5×10^{-4}）秒，表明该算法的参数优化算法是有效的，算法消耗的时间更少，有助于模型快速完成学习过程，训练效率得到了显著的提升。特别是实现对支持向量机的参数进行平滑后，算法的综合性能也更好。

表6-3为不同识别方法的总体识别正确率对比。从表中可见，与其他的识别方法相比，本章提出的基于改进支持向量机的方法可以有效地提高病虫害识别的正确率，其原因在于支持向量机模型的多维度数据作为超平面的位置变量，可以使模型中的元素快速地转化为超平面内的各个点，有利于通过寻找一个最优的超平面使得以上各个点达到最优的划分，而参数的平滑方法对提高总体识别正确率也具有较好的效果，不但能降低运算复杂度，而且对病虫害的识别更加准确。

表6-3　不同方法的总体识别正确率对比

识别方法	总体识别正确率（%）
本章提出的方法	95.2
传统SVM	94.4
基于颜色特征的SVM	93.7

6.7　本章小结

本章在分析基于支持向量机的识别模型优缺点的基础上，设计了一种基于改进支持向量机的茶叶病虫害识别方法。首先为便于模型的训练，对采集到的茶叶常见病虫害图像进行预处理，降低外界光照、背景及图像传感器等因素对图像造成的影响。然后对处理后的图像进行归一化运算，使得病虫害图像在大小尺寸上保持一致，并为识别模型的训练提供数据支撑。经过特征提取后的图片再一次采用下采样方式进行降维，并将降维后的特征向量采用具有不同核函数的支持向量机模型进行分类和识别。接下来采用融合颜色矩、颜色聚合向量、局部二值模式统计直方图等几种方式构成颜色纹理特征，颜色矩作为颜色特征。在此基础上，针对支持向量机分类能力，提出了支持向量机的平滑参数，以提高支持向量机的识别能力。最后对提出的方法进行了实验。实验结果表明，与基于颜色特征的SVM识别方法及传统SVM识别方法相比，本章提出的方法不但提高了平均识别率，而且有效地降低了训练时间。

参 考 文 献

[1] C. E. F. Caetano, A. B. Lima, J. O. S. Paulino, et al., A conductor arrangement that overcomes the effective length issue in transmission line grounding [J]. Electric Power Systems Research, 2018, 46 (5): 159 - 162.

[2] Fernández Y, Marrufo I, Paez M. A. Overview on kernels for least-squares support-vector-machine-based clustering: Explaining kernel spectral clustering [J]. Investigacion Operacional, 2021, 42 (1): 113 - 123.

[3] 刘翠翠，杨涛，马京晶，等．基于 PCA-SVM 的麦冬叶部病害识别系统 [J]. 中国农机化学报，2019，840 (8)：133 - 136.

[4] 李龙龙，何东健，王美丽．基于改进型 LBP 算法的植物叶片图像识别研究 [J]. 计算机工程与应用，2020 (11)：2 - 11.

[5] 马鹏鹏，周爱明，姚青，等．图像特征和样本量对水稻害虫识别结果的影响 [J]. 中国水稻科学，2018，32 (4)：97 - 106.

[6] 吕军，齐子年，方梦瑞，等．基于后验概率 SVM 的水稻害虫识别方法研究 [J]. 黑龙江八一农垦大学学报，2018，30 (2)：92 - 94.

[7] 张红涛，李艺嘉，谭联，等．基于 CS-SVM 的谷子叶片病害图像识别 [J]. 浙江农业学报，2020，32 (2)：274 - 282.

[8] 杨英茹，吴华瑞，张燕基，等．于复杂环境的番茄叶部图像病虫害识别 [J]. 中国农机化学报，2021，42 (9)：178 - 185.

[9] 张丽娟，保富．基于改进 SVM 的电力用户异常用电行为检测方法研究 [J]. 电测与仪表，2022 (4)：1 - 10.

[10] 陈文礼，程瑛颖，舒永生．基于改进支持向量机的智能电能表故障多分类方法 [J]. 电测与仪表，2021 (8)：1 - 9.

[11] 张亚军．基于改进支持向量机算法的农业害虫图像识别研究 [J]. 中国农机化学报，2021，42 (2)：147 - 152.

[12] 马超，袁涛，姚鑫锋．基于 HOG+SVM 的田间水稻病害图像识别方法研究 [J]. 上海农业学报，2019，35 (5)：131 - 136.

[13] 刘 超，林寿英，王彩霞，等．基于 Gabor 滤波器和 SVM 结合的中华蜂图像识别方法 [J]. 农业工程，2021，11 (8)：50 - 53.

[14] 徐洲常，王林军，刘洋，等．采用改进回归型支持向量机的滚动轴承剩余寿命预测方法 [J]. 西安交通大学学报，2022，56 (3)：198 - 20.

第7章　采用深度卷积网络的茶叶病虫害识别技术

7.1　引言

机器学习技术是人工智能领域的一个重要内容，传统的机器学习技术，如支持向量机、贝叶斯网络、决策树、人工神经网络等方法存在精度有限、泛化能力不足等问题，导致该类技术在茶叶病虫害检测与识别等方面的应用场景范围受到一定的限制。近年来，随着更多、更先进的深度学习网络被研究和实现，深度卷积网络（CNN）在机器学习、特征提取、图像识别等方面获得了较多的关注，越来越广泛地被应用于机器学习、模式识别等领域，在目标检测、图像分类及图像分割等应用场景下取得了一系列研究成果，其突出的特征学习与分类能力得到了广泛的关注，能够有效地提高目标检测与识别的准确率。因此，开展深度卷积网络在病虫害识别方面的研究和应用具有较大的实际应用价值，对提高病虫害识别模型的精度与可靠性具有重要意义。

当前深度卷积网络在目标识别方面已有较多的研究成果，各类基于深度卷积网络的目标检测及识别模型已得到了广泛的应用。杨勃等[1]针对现有深度卷积网络在小样本学习时的泛化性问题，设计了一种鉴别正交特征生成算法。采用正则化技术对神经网络非负中间层特征输出的异类正交度和同类相关度进行了优化，得到了具有典型稀疏特性的中间层鉴别正交特征。在此基础上，为有效优化稀疏度以适配网络容量，采用正则化的系数自适应调节策略逐渐逼近正交网络的预设特征稀疏度目标值。考虑到特征生成计算效率和精度较低的问题，设计了一种基于随机2类别鉴别正交特征生成的反向传播策略。为验证该算法的性能，在MNIST数据集中进行了小样本手写体数字识别实验，以算法精度和可靠性为主要指标验证了该算法的稀疏度优化能力和模型表达容量调节性能。并采用反卷积可视化方法，证明了该算法具备衍生出的局部鉴别区域聚焦特性，有助于进一步提高算法的精度。他们进一步指出可以将鉴别正交特征生成卷积网络应用到阿尔茨海默病的磁共振影像分析，其性能也能够得到保证。实验结果表明该算法在阿尔茨海默病诊断方面具有较好的精度，可以利用其良好的局部聚焦性，准确定位阿尔茨海默病与健康对照组典型差异脑区，具有较大的应用价值。林家庆等[2]开展了基于深度卷积网络的识别模型在计算机断层扫描图像（CT）中的应用，设计并实现了一种基于并行卷积回归的多任务深度学习模型。使用侧旋角度正回归和翻转概率逻辑回归的方法对模型参数进行优化，以达到精准校正 CT 图像的目的。在此基础上，考虑到目前 CT 医学图像训练样本较少的情况，设计了基于串行回归的深度学习架构，可以弥补 CT 图像小样本情况下并行卷积回归网络模型校正精度较差的不足。在实验中对模型进行了训练和验证，结果表明即使存在并行卷积回归网络和样本稀缺问题，该模型也较好地解决了模型参数优化的问题，串行卷积回归网络模型对角度偏转和翻转的腹部 CT 图像的校正效果优于经典的算法。

考虑到深度卷积网络模型的参数优化问题，吕恩辉等[3]采用对卷积核随机赋值的方式对深度卷积网络进行训练，探讨了基于梯度下降算法中的梯度弥散问题。设计和实现了一种基于反卷积特征提取方法的深度卷积网络学习算法。该算法采用两层堆叠反卷积神经网络从样本中学习得到特征映射矩阵，该矩阵将作为深度卷积网络的卷积核，进而实现对图像的卷积和池化操作。为优化模型参数，采用附加动量系数的小批次随机梯度下降算法对深度卷积网络的参数进行优化和调整，实验表明该算法可以在训练过程中避免梯度弥散现象，能够有效地改善模型分类精度，对完成目标检测与识别任务具有重要的参考意义。类似地，林志玮等[4]根据人眼在对目标进行识别时是从整体到局部的特性，设计了一种基于跳跃结构的模型来实现对目标的整体信息与局部信息的交互与识别。为改善目标匹配与识别的精度，该模型采用了一种新的模型框架来检测目标的全局与局部特征，并建立数学模型实现了对目标的特征融合，可以将检测目标的全局特征信息传递至局部特征抽取模块。值得指出的是，该模型在训练阶段需要使用目标图像的局部标注信息，在测试阶段也需要采用深度卷积网络对目标图像的局部标注信息进行提取。此外，该文还分析了不同检测目标的局部影像信息对模型识别精度的影响程度，对不同的分类模型的精度与可靠性进行了对比。燕红文等[5]设计和实现了一种针对生猪形体检测的特征金字塔注意力与 Tiny-YOLO 模型相结合的深度卷积网络模型。其特点是能够将注意力机制融入到特征提取过程，在计算复杂度没有增加的前提下提升了模型的特征提取能力，且模型的检测精度和运算效率也得到了显著提升，对不同场景下的生猪进行多目标检测时，其训练效率与识别准确率较高。同时，通过实验证明了该模型也能够为生猪身份识别和行为分析提供借鉴，具有较强的实际应用价值。

娄甜田等[6]以葡萄簇为识别对象，将采集的葡萄图像数据集作为数据样本，设计和实现了一种基于 R50、R101 网络与深度卷积网络进行融合的葡萄簇检测与分割模型。实验表明该模型能够对不同种植场景下的葡萄簇进行准确的分割与检测，可以为葡萄自动化采摘系统的设计提供参考，有助于提高目标检测与识别准确率。陈禹行[7]为了构建出结构灵活、网络规模及计算复杂度较小的深度卷积网络模型，提出了一种采用图论的面向深度卷积网络的多目标演化算法。为了降低复杂度，简化网络结构，该算法采用有向图来表示深度学习网络，并利用神经演化和优化算法求解深度卷积网络的深度、计算量和识别率约束下的多目标优化问题。此外，为了提高该模型的训练效率，采用线性规划将基因编码转换为模型中的卷积层相关参数，使演化算法能够自适应地优化模型中各个网络层的配置。该模型采用演化后获得的深度学习模型中最深路径上包含的 36 个卷积层。实验结果表明其在 CIFAR－100 数据集上的 Top5 精度已达到了 86.1%，在 Top1 的精度达到了 60.2%，其计算效率与精度都可以满足实际的图像分类要求。与识别率相近的经典识别模型相比，该模型的结构较为合理，计算复杂度得到显著改善，训练与学习效率较高，能够自适应地生成各类深度神经网络模型，同时也可针对深度、计算量和识别率等方面为不同的应用场景自适应地选择深度神经网络模型，为深度卷积神经网络运行于移动平台这类计算和存储资源相对有限的环境提供了一种较好的设计思路。

综合相关研究文献，从模型训练及性能表现的角度来看，病虫害图像样本数据集的丰富性和多样性对深度卷积网络模型的性能和表达能力起着关键作用，但现有的病虫害公共数据集资源较少，严重缺少病虫害训练集和测试集样本，无法满足深度卷积网络模型的参数优化及性能提升的需求[1]。目前在深度卷积网络应用于茶叶病虫害检测与识别方面的研究工作较少，也缺乏完善的病虫害样本集，相关的深度卷积网络模型设计与应用实践也比较少。从模型的性能来看，目前存在两方面的不足：①由于参数优化算法及压缩方法的限制，当前仍很难寻找到可靠的办法从模型优化、识别效率等方面对深度卷积网络模型进行优化，且模型存在训练效率较低、参数优化工作量较大的问题；②未充分考虑茶叶病虫害图像数据集过少的问题，模型训练困难且计算量较大，难以找到一个具备较好适应能力的识别算法满足多种病虫害的准确识别任务，模型的通用性也存在很多不足。针对这些问题，本章首先分析了深度卷积网络的模型构建与优化问题，构建了茶叶病虫害数据集。在此基础上，提出了一种基于深度卷积网络的茶叶常见病虫害识别算法，在提高训练效率的同时，也有效地保证了茶叶病虫害的识别精度。

7.2 茶叶病虫害数据集的构建

7.2.1 病虫害数据集

茶叶病虫害数据集包含茶叶常见病害数据和虫害数据两类。对茶叶危害较大的虫害主要有茶尺蠖、茶毛虫、茶刺蛾、茶小绿叶蝉、黑刺粉虱、茶叶螨等，虫害图片从贵州、云南等地的山地茶园现场采集而得。采集的图像数据格式为JPG格式，共6类800余张，分辨率为240×240，并采用尺度变换对该类型图片集做数据增强处理，具体采用了高斯噪声变换、运动模糊变换、灰度变换、对比度等方式进行变换，其尺度变换采用垂直变换、水平变换以及角度变换等几种方式[8]。具体的茶叶虫害图像数据集如表7-1所示，包含了上述几种分布较为广泛的典型虫害。相关的图像已采用增强处理，并优化了对比度、亮度等参数。

表7-1 茶叶虫害图片集

序号	虫害种类	数量（张）
1	茶尺蠖	200
2	茶毛虫	130
3	茶小绿叶蝉	98
4	黑刺粉虱	85
5	茶叶螨	202
6	茶刺蛾	105

茶叶常见的病害图像是从西南山地茶园采集而来，经增强处理后共8类2 000余张图片，分辨率为240×240。为便于分类和识别，将这些图片分为如表7-2所示的几类，涵盖了几类危害性较大的茶叶病害：①茶白星病；②茶饼病；③茶轮斑病；④茶煤病；⑤茶炭疽病；⑥茶网饼病；⑦茶圆赤星病；⑧茶云纹叶枯病。上述各类病虫害图片都为JPG格式并进行了标注，是从各

个茶园基地现场采集而得，真实性和针对性较强，标注后的图片属于上述中的某一类，具体图片集如表 7-2 所示。

表 7-2 茶叶常见病害图片集

序号	虫害种类	数量（张）
1	茶百星病	700
2	茶煤病	650
3	茶炭疽病	460
4	茶网饼病	800
5	茶圆赤星病	482
6	茶云纹叶枯病	105
7	茶饼病	765
8	茶轮斑病	820

如第 2 章所述，在对茶叶病虫害图像进行预处理时，为弥补训练样本的不足，需进行数据增强操作，具体采用了高斯噪声变换、运动模糊变换和灰度变换。在数据增强过程中，针对图像的尺度变换采用垂直变换、水平变换以及角度变换，主要包含逆时针旋转 90°、逆时针旋转 180°、逆时针旋转 270°等几种方式[9]。对茶叶病虫害识别系统而言，通过数据增强操作，能够有效地增强深度卷积网络模型的泛化能力以及表达能力，同时在很大程度上可以解决病虫害样本数据集不足的问题。

7.2.2 图像分割方法

目前采集的茶叶常见病虫害图像来自不同的采集设备和地点，采集手段与茶园现场生态环境均有较大的区别，相关的病虫害也处于不同的生长发育时期，且图片中的具体背景也存在一定的差异，特别是对于各类害虫，其图片背景纹理非常复杂，形态各不相同，包含了较多的叶片、茎、树干等干扰因素，不利于病虫害的特征信息提取操作。为此，一方面为提高识别精度，采用基于深度卷积网络的算法对茶叶病虫害图像进行分割，保留病虫害不同生长发育期的特征信息，消除或减小图片背景的干扰，以获得精度较高的 RGB 颜色分量线性组合系数。另一方面在图像采集时针对病虫害的生长特点，对不同的季节不同的月份的病虫害图像进行采集与处理，力图涵盖病虫害完整的发育和危害周期。

具体而言，在进行病虫害图像分割操作时，其骨干网络是用来提取病虫害特征的网络，提取的目标特征是否充分决定了后续对象分割是否精确。在此过程中，有限的感受野大小和缺乏跨通道之间的信息交互制约着深度卷积网络的特征提取能力。在这种情况下，为了保持原有深度卷积网络中的骨干网络参数量的合理性，增强网络模型特征提取能力，使用基于 ResNest 网络的模型进行特征提取操作，以提高操作的精度和效率。因此，可以考虑借鉴 ResNest 网络中的多分支分组卷积结构，将特征图中的多个通道拆分产生多分支基数组，每个基数组下再采用 SKNet 网络的结构。类似地，可以将每个基数组又拆分为多个子组，在此基础上进行 1×1 和 3×3 的卷积变换。经过变换后的单个子组现有分离注意力模块为特征通道计算并赋予相应的权重值，即可得出在基数组通道下的加权融合特征[10]。

根据上述分析，相应的融合特征输出可以表示为式（7－1）。

$$V_c^k = \sum_{i=1}^{R} w_i^k(c) U_{S(k-1)+i} \quad i=1,2,\cdots,R \tag{7-1}$$

式中 w_i^k 表示权重，$U_{S(k-1)+i}$ 为特征图，其具体形式可表示为。

$$U_{S(k-1)+i} = (K_S, \Lambda_j, N_i) \tag{7-2}$$

在上述讨论的基础上，继续将 K 个基数组表示沿通道维度进行排列，并根据其维度进行拼接操作，进而获得图像的融合特征。在此基础上，采用 1×1 卷积操作与原特征图完成残差连接计算，从而可以获得病虫害图像的最终特征信息。总的来看，先利用 ResNest 网络作为模型中的特征提取模块，并进一步融合特征金字塔 FPN，可以在图像处理过程中有效地获取不同尺度目标下的特征信息，这些特征信息涵盖了图像各个通道的信息，可以对图像进行精准的区分。值得指出的是，该过程不会引入多余的参数量，可以保证在分割茶叶病虫害图像中的翅膀、足部、头部、叶部小型损伤等小目标区域时，能够获取更多的对象深层特征信息，目标区域分割效果更好[11]，有利于下一步的匹配与识别运算。

在对病虫害图像进行分割时，各类病害及虫害的大小、颜色、纹理及形状等复杂多变，然而目前深度卷积网络的结构是基本固定的，对病虫害目标形状的感受野还是不够灵活，模型的泛化能力也不强，深度卷积网络还无法有效地实现对不同自然场景下各类病虫害形态多样性的分割。最近提出的一种可变形卷积网络（DCN）对图像的多样性具有更好的适应能力[12]，该网络是在传统深度卷积网络结构优化的基础上，增加了能够调整卷积核方向向量的能力，在训练过程中可以利用偏移量来适应分割对象的几何形变，且在采样过程中能更好地适配检测对象的形状和大小，能够显著提高后续图像分割的精度。但不足之处在于可变形卷积网络由于在结构中引入了随机偏移量，会导致生成较多的目标检测区域外的一些干扰信息，这些干扰信息被视为噪声，会对最终的分割精度产生不利的影响。对此，可以考虑在网络中对每个采样点赋权值，该权值可先取随机值，后续再进行优化。这种方法不但可以增加网络训练过程中的自由度，而且能够将一些与采样点无关的权值删减，使网络的卷积区域保持在目标检测对象的区域范围内[12]。

总的来说，利用变形卷积网络可以更加精准地获取病虫害有效的采样区域，有利于进一步学习病虫害形态多变的特征信息，提高图像分割的有效性和模型的泛化能力，在实际应用中具有较大的潜力，相关研究值得进一步深入。

7.3 深度卷积网络的设计

深度卷积网络模型是由多个卷积层与若干全连接层进行叠加而构成的，在网络模型中包含了各类非线性及池化操作。其中卷积运算主要用来对处理结构的数据进行处理，并采用滤波器对相邻像素之间的轮廓进行过滤操作[13]。从这个特征来看，深度卷积网络在数字图像的分析与处理方面有着较大的优势。从网络结构上来看，深度卷积网络可以分为多个学习阶段，一般由卷积层、非线性处理单元和下采样层组合而成。网络的每一层都使用一组卷积核，并由其过滤器进行多次转换运算。网络中的卷积运算会将数字图像分成多个小区域来提取图像中检测对象的局部特征，从而让网络具备学习图像特征的能力。而卷积核的输出进一步会被分配到非线性处理单元，这有助于学习图像的抽象表示，而且还可以将非线性特征嵌入到图像的特征空间中。值得指出的是，这些非线性特征能够为不同的响应生成不同的激活模式，非常有利于学习图像中的语义差异。而非线性函数的输出一般会进行下采样，能够对图像中处理对象的几何变形保持不变[13]。

根据上述讨论，为提高深度卷积网络在茶叶病虫害识别中的性能，可以考虑从以下几个方面构建卷积网络的几个核心结构[13]。

（1）局部区域感知。茶叶病虫害图像中的相邻像素的联系一般较为紧密，但距离较远的像素之间的相关性则比较小。因此，每个神经元只需要对图像中的局部区域进行感知，并不需要对图像的全局进行感知。

（2）权值设置。在深度卷积网络的局部连接中，各神经元单元会对应多个参数，而深度卷积网络中具有相同卷积核的权值和偏置值可以设置成相同的值。而同一种类的卷积核按照一定的顺序对病虫害图像进行卷积操作，该运算完成后全部神经元能够共享连接参数[14]。

（3）卷积运算。该运算是利用卷积核对病虫害图像进行特征提取操作。本质上，卷积的计算过程可以视为减少模型参数数量的过程。卷积运算过程最关键的是卷积核步长设计和数量的选取，一般情况下卷积核的个数越多，则提取的特征也会相应地增多，同时网络的复杂度也在增加，此时会出现训练的过拟合现象。而模型中卷积核的大小会影响网络结构的识别能力[14][15]，因为步长决定了特征个数，如图 7-1 所示。可以看出，卷积核的设计是卷积运算的关键，直接决定了模型的训练精度与实际分类能力。

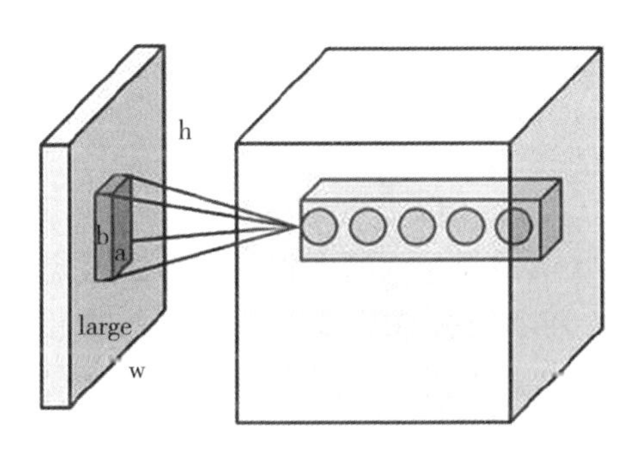

图 7-1　卷积操作示意

卷积操作如式（7-3）所示：

$$S(i,j)=(I\times K)(i,j)=\sum_{m}^{T}\sum_{n}^{U}I(m,n)K(i-m,j-n) \tag{7-3}$$

（4）池化层设计。深度卷积网络中的池化层是在卷积层之后，其功能是为了降低卷积层输出的特征向量的维数，有效地减少计算复杂度，实现数据降维的目的。值得强调的是，池化过程会显著降低病虫害图像的分辨率，同时也会有效降低图像的处理维度，一些细节可能会丢失，但可以保留病虫害图像的关键信息。目前有两种池化方法，即平均池化和最大池化。平均池化是针对目标局部区域的平均值进行计算，将平均值作为该区域的值。最大池化则是选取图像目标区域中的最大值作为池化后的值，池化操作可以有效地保持图像局部线性变换的不变性。

（5）全连接层设计。采用卷积层和池化层对图像进行处理后，数据的维度已经下降至可以直接采用前馈网络来处理。此时全连接层输入的是卷积层和池化层处理的结果，比直接采用原始图像数据作为输入时取得的效果更好，模型能够将学习到的图像特征表示映射到样本的标记空间。换言之，即可以将图像特征进行深度融合，有利于分类器进行后续的回归与分类运算。

在上述分析的基础上，根据茶叶病虫害图像的特点，按以下步骤对网络模型进行设计。

首先对卷积层进行设计。卷积网络的卷积层是由一组卷积核组构成的，关键的部分是各个神经元。而对这些卷积核进行设计时，可以发现其与病虫害图像当中的部分区域之间存在着密切的联系，图像中该部分区域可以称作感受野。卷积核可以根据图像识别算法的要求，把病虫害图像进行分割，其目的是使图像由多个小块构成，再将每个小块与一组指定的权重进行运算，该过程可以采用卷积操作来完成相应的处理[16][17]。卷积运算可以用式（7-4）表示。

$$F_l^k=(I_{x,y}\times K_l^k) \tag{7-4}$$

式中的 $I_{x,y}$ 和 K_l^k 分别代表输入的图像和第 k 个卷积核。在针对病虫害图像进行分割操作时，会将其分割成许多的小块，有助于高效地提取局部像素值。需要注意的是，对于某些状态相同且性质相似的权重卷积核而言，可以考虑对其进行合理化、规范化利用，保证其在病虫害图像上进行有序的滑动，从而实现对病虫害图像中的各种特征进行有效的提取。因此，将其卷积方向、大小以及填充类型等指标作为参照，可以对病虫害图像进行合理化分割[18]。

池化层特征图通常情况下由卷积运算输出产生，且在图像的各个位置上均有可能出现。当完成特征提取工作后，仅需将那些相近于其他特征的位置保存下来，那么其精确位置就会变得不再那么重要。需要强调的是，它不仅对位于感受野周围的那些相似信息进行了汇总，而且还能在此局部区域内，对一些关键性响应进行对外输出，如式（7-5）所示。

$$Z_l=f_p(F_{x,y}^l)l \tag{7-5}$$

Z_l 代表感受野对应的特征向量。$F_{x,y}^l$ 表示第 l 个局部区域内输出的特征图。需要指出的是，采用合并操作，有助于实现对特征组合的提取。此外，在面对数据维度的轻微变形、平移等情况时，这些特征能保持稳定的状态。在实际操作中，若能减小特征图的大小，并使其特征集维持不变，则能够较好地减小卷积网络的运算复杂性。在整个网络结构中，大多数情况下会同时用到多种类型的池化公式，如空间金字塔合并、最大值及平均值等[19]。本章为提高运算效率，直接采用了最大池化操作，能够在保持图像纹理细节的情况下，提高模型的训练效率。

激活函数在深度卷积网络中发挥了关键作用，直接决定了神经元的效率，特别是针对一些较为复杂的模式有非常重要的影响。为降低运算复杂度，选用如式（7－6）所示的激活函数。

$$\mathrm{T}_l^k = f_A(F_l^k) \tag{7-6}$$

其中，F_l^k 表示卷积运算的输出，在大部分情况下，除了能够以非线性的形式进行添加以外，还可以返回到转换输出第 k 层。$f_A()$ 采用了 ReLU 作为激活函数，能够较好地将该函数融入非线性组合特征中。值得指出的是，与其他的激活函数（如 sigmod 函数）相比，ReLU 能够有效地克服训练过程中的梯度消失问题，有助于避免出现局部最小值。同时，为防止在训练过程中出现过拟合现象，使用 Dropout 方式将正则化操作应用到模型中，以一定概率（0.1%）将网络中的某些单元或神经元连接以随机的方式进行忽略，可以有效地增强卷积网络模型的泛化能力。在训练过程中，针对某个非线性关系所对应的各种连接，可能会出现相互适应的现象，该现象会导致过拟合。因此，对模型中的部分连接或神经单元进行删减，能够有效地降低训练时间，获得更高的学习效率。

总的来看，为提高训练效率，采用快速的卷积运算代替费时的搜索算法，模型性能可以得到一定的改善。从结构上来看，该类算法中的深度卷积网络模型主要包括特征提取器、区域卷积网络和快速卷积运算模块等 3 类。其中特征提取器可以自动提取病虫害图像的目标特征，并将该特征给后续的区域卷积网络进行处理，从而可将二者组成一个网络，有效提高了候选框的生成速度和检测效率[20]。目前在深度模型中常用的特征提取器结构有 ZFNet、VGGNet、ResNet、VGG 及 Inception 等。其中 VGG16 特征提取器由于采用了较小的卷积核尺寸（3×3）和最大池化尺寸（2×2），在保证对图像较大的感受野的同时也能够有效地提取图像中的细粒度特征[21]，在病虫害识别中具有更大的优势。本章直接采用了 Inception 特征提取器，以降低设计难度，提高识别算法的泛化能力。

7.4 采用深度卷积网络的茶叶病虫害识别算法

7.4.1 深度卷积网络结构

因考虑到茶叶常见病虫害的类型并不多，而病虫害图像的纹理细节较复杂，故将深度卷积网络的结构设计如下。

首先，设计深度卷积网络的输入层。输入层是病虫害图像数据部分的输入，即表 7－1、表 7－2 中的 14 种茶叶典型病虫害的输入。各个茶叶病虫害图像来源于相机近距离拍摄，为 RGB 图像，每个颜色的通道为 3 个，共 256 色，因此其是由 3 个像素组成的矩阵。

其次，设计深度卷积网络的卷积层。在深度卷积网络中，输入的图像是网络中的卷积内核完成特征提取操作。显然，网络中的卷积内核具有与输入通道相同数量的通道，以生成更为抽象的特征图。为保证对病虫害图像纹理细节的处理精度，卷积核的尺寸设计为 5×5 和 3×3。卷积核的具体结构如图 7－2、图 7－3 所示。

1	0	0
1	1	1
0	0	1

图 7－2　卷积核的结构

1	2	3	4	5
6	7	8	9	10
11	12	13	14	15
16	17	18	19	20
21	22	23	24	25

图 7－3　网络的输入

接下来采用池化层对输入的特征图进行降维运算，其目的是进一步简化特征图，降低深度卷积网络模型的参数复杂度，同时得到茶叶病虫害的主要特征。总体上，池化层一般包括了通用池化、重叠池化和空间金字塔池化等几种方式，而通用池化又可以分为平均池化和最大池化两种方式。考虑到病虫害样本图像的特征，针对池化核采用了最大池化方式，其大小为 2×2，并且设置为 VALID。

在上述讨论的基础上，相应的深度卷积网络结构如图 7－4 所示[22]：

卷积网络基本结构					
A	LRN	B	C	D	E
11 权重层	11 权重层	13 权重层	16 权重层	16 权重层	19 权重层
输入层：240×240 分辨率 RGB 图像					
卷积 3－64	卷积 LRN	卷积 3－64 卷积 3－64	卷积 3－64 卷积 3－64	卷积 3－64 卷积 3－64	卷积 3－64 卷积 3－64
池化层（最大池化）					
卷积 3－128	卷积 3－128	卷积 3－128 卷积 3－128	卷积 3－128 卷积 3－128	卷积 3－128 卷积 3－128	卷积 3－128 卷积 3－128
池化层（最大池化）					
卷积 3－256 卷积 3－256	卷积 3－256 卷积 3－256	卷积 3－256 卷积 3－256	卷积 3－256 卷积 3－256 卷积 3－256	卷积 3－256 卷积 3－256 卷积 3－256	卷积 3－256 卷积 3－256 卷积 3－256 卷积 3－256
池化层（最大池化）					
卷积 3－512 卷积 3－512	卷积 3－512 卷积 3－512	卷积 3－512 卷积 3－512	卷积 3－512 卷积 3－512 卷积 3－512	卷积 3－512 卷积 3－512 卷积 3－512	卷积 3－512 卷积 3－512 卷积 3－512 卷积 3－512
池化层（最大池化）					
卷积 3－512 卷积 3－512	卷积 3－512 卷积 3－512	卷积 3－512 卷积 3－512	卷积 3－512 卷积 3－512 卷积 3－512	卷积 3－512 卷积 3－512 卷积 3－512	卷积 3－512 卷积 3－512 卷积 3－512 卷积 3－512
池化层（最大池化）					
FC1000					
SoftMax					

图 7－4　深度卷积网络模型的结构

在对全连接层进行设计时，设置其核心运算为矩阵向量的乘积，即矩阵向量从一个特征空间线性转换为另外一个特征空间，从实践运行的效果来看，能够显著提高深度卷积网络模型的运算效率和病虫害识别精度。

7.4.2　网络模型的训练

目前在训练深度卷积网络模型时，模型中前一层参数的更新会使模型中当前层输入数据的分布规律发生一定的变化[13]。而网络中输入层连续的变化能够对模型训练效率产生不利影响，比如出现模型训练时收敛速度有所下降、模型学习速度较慢、模型参数优化不显著等问题，最后导致模型的训练效率降低，其实际分类能力有所下降。采用规范化操作对输入数据的分布进行一定程度的调整和优化，以减少网络内部协变量的偏移，可以在一定程度上消解这个问题，保证模型的训练效率。此外，还可以考虑使用批规范化的手段进一步解决反向传播过程中出现梯度爆炸或梯度消失等问题，同时对网络中的超参数进行一定程度的优化，如学习速率的自适应调整，权重初始化的优化设置，这些措施对网络的鲁棒性和分类精度都有显著的改善，同时能够有效地减少对 Dropout 的依赖[23]。

根据上述讨论，在计算时采用以下方法完成规范化操作。

$$\mu_{\mathrm{B}}=\frac{1}{m}\sum_{i=1}^{m}x_i \tag{7-7}$$

$$\mu_{\mathrm{B}}^2=\frac{1}{m}\sum_{i=1}^{m}(x_i-\mu_{\mathrm{B}})^2 \tag{7-8}$$

本质上，采用上述方式对深度卷积网络的各层进行规范化操作会破坏模型学习到的特征分布，导致卷积网络模型的表达能力快速下降。一种常用的解决办法是在规范化算法中使用缩放变量 γ 和平移变量 β，其作用是恢复模型在学习过程的特征分布[24]，如式（7－9）所示。

$$y_i=rx_i+\beta=BN_{r,\beta}(x_i) \tag{7-9}$$

其中，γ、β 表示模型中的学习参数，一般是在实验中根据统计得出。

通过对模型中各类参数的优化，模型的训练效率与精度会得到一定程度的改善。此外，为了更精确地获得更多具有代表性的茶叶病虫害图像的细节特征，进一步将卷积层提取到的低层特征图当作残差块进行输入，同时在残差块的输出端增加一个 ReLU 激活函数层，能够约束变量的范围并提升网络非线性特征。相应地在与其对应的网络高层特征图中采用双线性插值方法完成对病虫害图像的上采样，能够有效地恢复特征图的分辨率，同时将网络中的低层特征与高层特征以拼接的方式进行深度融合，能够得到表征力更强的病虫害图像细节特征，进一步提高基于深度卷积网络的病虫害识别模型的分类精度[25]。

7.4.3 卷积网络模型分析

根据上述各节的分析，结合茶叶病虫害图像数据集的特征，采用的深度卷积网络的基本结构如下。

第 1 层：模型中的卷积核尺寸设为 5×5，数量设为 16，填充方式采用 SAME，步长设为 1，以方便在模型的输入层上完成特征提取运算。模型中的卷积特征图作为输入数据输出至网络中的池化层。将池化核的尺寸设为 2×2，输出的大小尺寸设为 50×50×16。

第 2 层：网络中的卷积核大小设为 5×5，其数量设为 32，在网络的输入层中完成特征提取。网络中的卷积特征图作为输入数据发送到池化层，池化核的大小设为 2×2，输出为 25×25×32。

第 3 层：卷积核的大小设为 3×3，数量设为 64，填充方式为 SAME，步长设为 1，其功能是完成输入层图像数据的特征提取。卷积特征图的信息被作为输入数据并传输至网络中的池化层。为提高计算效率，将池化核的大小设为 2×2，输出设为 12×12×64，并将最终的输出结果进行平坦化处理。

第 4 层：为全连接层。

第 5 层：为全连接层。其基本的输出类型为判别矩阵，对输入的茶叶病虫害图像进行识别和分类，输出具体的病虫害类别。

此外，模型其他的主要参数设置为：参数 batch _ size 大小设置为 64，学习率的大小设为 0.001。

目前在深度卷积网络模型中常见的激活函数有 Sigmoid 函数、tanh 函数，ReLU 函数等。考虑到在茶叶病虫害图像的饱和区域中，Sigmoid 函数和 tanh 函数在接近 0 时会引起训练过程中的梯度消失，同时模型的收敛速度也会降低，会降低模型的分类能力。因此，在针对茶叶病虫害的识别模型中采用 ReLU 函数作为激活函数，有助于提高模型的训练效率，同时具备较高的识别精度。

7.5 实验及分析

为衡量本书提出方法的性能，在实验中对基于深度卷积网络的病虫害识别算法进行了实验，并对其识别准确率进行了评估。实验中采用的茶叶病虫害数据经处理后共 14 类，分辨率为 240×240。考虑到原始的数据集较小并且单幅图像尺寸过大，不能直接作为深度卷积网络的输入，因此，对原始图像集进行了数据增强操作，其目的是构建更大的数据集，增强其泛化能力，避免模型收敛于局部最小值。具体的方式为裁剪、扭曲和随机旋转等数据增强方式。同时还针对病虫害数据集中各个病虫害类别进行了占比平衡处理。处理后的病虫害数据集包含约 1 200 幅 256×256 的子图像，其中训练集与测试集比例为 6∶4。为便于分类和识别，将这些图片分为以下几类，涵盖了几类常见的茶叶病害：茶尺蠖 210 张，训练集 110 张，验证集 100 张；茶毛虫 240 张，训练集 120 张，验证集 120 张；茶小绿叶蝉 200 张，训练集 120 张，验证集 80 张；黑刺粉虱 160 张，训练集 100 张，验证集 60 张；茶叶螨 180 张，训练集 100 张，验证集 80 张；茶刺蛾 150 张，训练集 100 张，验证集 50 张；茶饼病，样本总数量 230 张，训练集 120 张，验证集 110 张；茶煤病，样本总数量 250 张，训练集 140 张，验证集 110 张；茶炭疽病，样本总数量 300 张，训练集 200 张，验证集 100 张。上述各类病虫害图片都为 JPEG 格式并进行了标注，并采用旋转、镜像等方式进行了变换。标注后的图片属于上述中的某一类。为便于比较，将其他的几种典型的算法与本章提出的方法进行了性能对比。

实验中的软硬件环境参数设置如表 7-3 所示。

表 7-3　实验平台的参数

序号	名称	参数
1	GPU	NVIDIA GeForce GTX 1 080
2	CPU	I7-12700F
3	操作系统	Linux
4	内存大小	8GB
5	深度学习框架	TensorFlow

实验中采用 Adam 算法优化网络参数，在训练中自适应调整学习率，并根据茶叶病害训练图像进行权重参数的更新，直到取得最优结果。各类算法的识别结果如表 7-4 所示。实验中的学习率表示模型中的权重更新的速率，当学习率设置过大时，可能会导致最终的识别结果不准确，而设置过小时则会显著增加训练时长，故将学习率设为 0.001。在实验中将 epoch 参数设为 100，训练集中的图像在一个 epoch 周期内会进行一次完整训练，同时将批处理样本设置为 100，以提高训练效率。

从实验中可以看出本书提出的算法的损失曲线在将近第 40 个 epoch 周期时会趋近于收敛，同时准确率曲线在该点时也逐渐达到收敛。不同学习率对实验结果的影响不同。对于学习率，采用对数标尺选取 0.001、0.000 1 和 0.000 01，学习率衰减因子设置为 0.9，通过反复实验进行了最优的调整，不同学习率在茶树叶部病害验证集进行平均。当学习率设置为 0.001 时，本书提出的算法在茶树叶部病害图像上的识别准确率最高。

将本书提出的算法与基于 VGG 的方法和基于 SENet 的方法在茶树叶部病害图像上的识别精度进行了比较，每类茶叶病害图像的数量为 500 张。重点对比了训练集识别率与测试集识别率。表 7-4 是上述算法识别结果的具体比较结果。首先，由表 7-4 可知，本章提出的方法在病害训练集中的识别率达到 96.1%，在测试集中的识别率达到 95.9%。其原因是采用了深度卷积网络并对其参数进行了优化。同时，基于 SENet 的方法其训练集和测试集较本章的方法降低了 2.8 个百分点和 1.1 个百分点，表明本章提出的方法的精确率得到了提高。其次，将所有的超参数进行统一化，基于 VGG 的方法较基于 SENet 的方法也有了较大的提升。可以看出，本章提出的算法在茶树叶部病害图像测试集上的表现更好，具有更大的实际应用价值。

表 7-4 不同方法的性能对比（病害）

识别方法	训练集识别率（%）	测试集识别率（%）
本章提出的方法	96.1	95.9
基于 SENet 的方法	93.3	94.8
基于 VGG 的方法	94.4	95.1

为了验证本章提出的算法在茶叶虫害图像数据集上的有效性，与 CNN、基于 VGG16 的方法及 Inception V3 进行了比较，实验结果如表 7-5 所示。由表 7-5 可知，CNN 的方法在虫害图像上识别率较低，准确率仅为 94.1%。本章提出的算法的识别准确率最高，达到 95.5%。主要原因在于卷积网络具有较强的性能，显著增强了特征图的感受野，能够通过特征图的权重来提升有用的特征并且抑制了无用的特征，从而使得算法学习的信息更加全面，使其具备了更好地拟合特征的能力。

表 7-5 不同方法的性能对比（虫害）

识别方法	训练集识别率（%）	测试集识别率（%）
本章提出的方法	96.8	95.5
CNN	93.9	94.1
基于 VGG16 的方法	94.0	95.2
Inception V3	93.4	94.5

针对茶叶病、虫害两个数据集，不同方法的训练精度如表 7-6 所示。可见，本章提出的方法在总体正确率方面显著优于其他的几种方法，表明基于深度卷积网络的病虫害分类算法在识别的精度方面具有一定的优势，能更好地识别出病虫害的类型，其分类能力能更好地满足实际要求。

表 7-6 不同方法的总体性能对比

识别方法	总体正确率（%）
本章提出的方法	95.2
CNN	94.4
基于 VG16 的方法	93.7
Inception V3	93.9

7.6 本章小结

针对当前茶叶病虫害识别算法未充分考虑茶叶病虫害图像样本过少及模型训练困难、计算量较大等问题，本章提出了一种基于深度卷积网络的茶叶病虫害图像识别算法。首先分析了茶叶病虫害图像数据集不完整，图像采集困难，纹理细节较多等问题，探讨了茶叶常见病虫害图像库的构建方法，并阐述了构建茶叶病虫害数据集的思路。针对深度卷积网络模型的构建与优化问题，设计了深度卷积网络结构，优化了训练方法，并对其性能进行了深入的分析。其次在此基础上，构建了一种基于深度卷积网络的茶叶常见病虫害识别算法，在保证训练效率的同时，也提高了对常见的几种病虫害的识别精度。最后在实验中对提出的算法进行了验证，结果表明与传统的算法相比，深度卷积网络可以有效地提高算法的识别性能，识别准确率得到较大的提升，在茶叶病虫害自动识别中具有一定的实际应用潜力。

参 考 文 献

[1] 杨勃，邵泉铭，李文彬，等．深度卷积神经网络鉴别正交特征生成及其应用［J］．电子学报，2018，46（10）：2377-2385.

[2] 林家庆，韩娟，袁直敏，等．多任务深度卷积网络的 CT 图像方向校正［J］．华侨大学学报（自然科学版），2020，41（3）：367-376.

[3] 吕恩辉，王雪松，程玉虎．基于反卷积特征提取的深度卷积神经网络学习［J］．控制与决策，2018，33（3）：448-456.

[4] 林志玮，丁启禄，刘金福．融合全域与局域特征的深度卷积网络鸟类种群识别［J］．林业科学，2020，56（1）：134-145.

[5] 燕红文，刘振宇，崔清亮，等．基于特征金字塔注意力与深度卷积网络的多目标生猪检测［J］．农业工程学报，2020，36（11）：194-203.

[6] 娄甜田，杨华，胡志伟．基于深度卷积网络的葡萄簇检测与分割［J］．山西农业大学学报（自然科学版），2020，40（5）：109-119.

[7] 陈禹行，胡海根，刘一波，郝鹏翼等．面向深度卷积网络的多目标神经演化算法［J］．小型微型计算机系统，2021，42（1）：72-78.

[8] 庄前伟，王志明，吴龙贻，李恺，王春辉．基于改进 SOLOv2 的穴盘幼苗图像分割方法［J］，南京农业大学学报，2022（5）：1-13.

[9] 翟肇裕，曹益飞，徐焕良．农作物病虫害识别关键技术研究综述［J］．农业机械学报，2021，52（7）：2-18.

[10] 樊湘鹏，许燕，周建平．基于改进卷积神经网络的青皮核桃识别方法［J］．农业机械学报，2021（6）：1-12.

[11] Abdul Waheed，Muskan Goyal，Deepak Gupta，et al.，An optimized dense convolutional neural network model for disease recognition and classification in corn leaf［J］．Computers and Electronics in Agriculture，2020（175）：54-56.

[12] Dai，Jifeng. Deformable convolutional networks［C］//Proceedings of the IEEE international conference on computer vision. 2017：1-8.

[13] Borja E，Nikos Mylonas，Loukas Athanasakos，et al.，Towards weeds identification assistance through transfer learning［J］．Computers and Electronics in Agriculture，2020（171）：105-116.

[14] Luh，Xuj，Wuy，et al.，Learning deconvolutional deep neural network for high resolutiona medical image reconstruction［J］．Informationa Science，2018（468）：142-154.

[15] Brahime M，Boukhalfa K，Moussaoui A. Deep learning for tomato disease：classification and symptoms visualization［J］．Applied Arificial Intelligence，2017，31（4）：299-315.

[16] Francisco J P，Antonio J R，Francisco C，et al.，On the impact of imbalanced data in convolutional neural networks performance［C］//International conference on hybrid artificial intelligence systems，2017（6）：220-232.

[17] Redmon J，Farhadi A. YOLO9000：Better，faster，stronger［C］//2017 IEEE Conference on computer vision and pattern recognition（CVPR），2017（7）：6517-6525.

[18] 程旭，宋晨，史金钢．基于深度学习的通用目标检测研究综述［J］. 电子学报，2021，49（7）：1429－1439.

[19] Wang C Y，Mark Liao H Y，Wu Y H. CSPNet：A new backbone that can enhance learning capability of CNN［C］//IEEE Conference on Computer Vision and Pattern Recognition. New York：IEEE，2020（7）：390－391.

[20] Bell S，Lawrence Zitnick C，Bala K，et al.，Inside-outside net：detecting objects in context with skip pooling and re-current neural networks［C］//IEEE Conference on Computer Vision and Pattern Recognition. New York，2016（10）：2874－2883.

[21] 周惠汝，吴波明．深度学习在作物病害图像识别方面应用的研究进展［J］. 中国农业科技导报，2021，23（5）：61－68.

[22] 牟文芊，董萌萍，孙文杰，等．基于 SENet 和深度可分离卷积胶囊网络的茶树叶部病害图像识别［J］. 山东农业大学学报，2021，52（1）：23－28.

[23] Tu R Koglu M，Hanbay D. Plant disease and pest detection using deep learning-based features［J］. Turkish Journal of Electrical Engineering and Computer Sciences，2019，27（3）：1636－1651.

[24] TU R Koglu M，Hanbay D，Sengur A. Multi-model LSTM-based convolutional neural networks for detection of apple diseases and pests［J］. Journal of Ambient Intelligence and Humanized Computing，2022（13）：3335－3345.

第8章 深度卷积网络优化技术及其在茶叶病虫害识别中的应用

8.1 引言

经过前面几章的讨论，可以看出深度卷积网络和BP神经网络在茶叶病虫害自动识别系统中能够获得较高的识别精度，其模型训练和学习过程也比较高效，有一定的实际应用价值。但随着神经网络导数的增加，模型在训练过程中会出现梯度扩散现象，即网络梯度的值会在前面的各层中逐渐减小，慢慢地趋近为零，会出现局部最小值的现象。此外，当茶叶病虫害种类较多且形态复杂度进一步增加后，深度卷积网络的训练收敛性较差，训练时的计算复杂度及资源需求迅速增加，最终会严重影响识别模型的数据表征能力，降低病虫害识别算法的分类精度，难以满足茶叶病虫害实时监测的要求。从理论上来说，近几年来随着深度卷积网络的出现，能够在大部分图像识别场景下较BP神经网络具有更好的综合性能。这表明深度卷积网络具备更好的特征学习和数据分类能力，经过训练和调优后能够获得较优的性能，在病虫害识别系统中具备更好的学习与分类表现，在很大程度上可以满足茶叶病虫害的识别要求，相关的模型也已在茶叶病虫害自动识别与防治系统中得到了初步应用[1]。

值得指出的是，深度卷积网络的训练过程需要较大的数据存储空间、更高的运算能力和更大更完善的病虫害训练数据集，这些条件在很多应用场景下并不能被满足。这严重妨碍了深度卷积网络模型在计算资源受限的一些设备和应用场合中的部署与运行，对拓展深度卷积网络的应用也很不利。此外，除了受到病虫害数据集和运行平台的约束，深度卷积网络在应用时也需深入考虑应用平台中普遍存在的传输时延、数据安全性等因素，完全依赖应用平台的高性能服务器来进行训练和运行在实际中是不可取的。因此，针对深度卷积网络模型进行一定程度的结构和参数优化，提高网络的训练效率，降低模型的计算复杂度是值得深入探讨的一个问题。目前，相应的深度卷积网络模型的结构优化和压缩、模型训练及加速技术已成为深度学习的一个重要研究方向[1]。

针对深度卷积网络模型的构建及其结构优化问题，目前已有了较多的研究。张珂等[1]探讨了针对图像分类的深度卷积网络的构建方法，分析了深度卷积网络的结构，从深度网络模型构建和参数优化两个方面将深度卷积网络划分为经典深度卷积网络、基于注意力机制的深度卷积网络、轻量级深度卷积网络及神经网络架构搜索模型等几类，并对各类深度卷积网络的构造策略和优化方法进行了深入的探讨，对比了各类模型的训练及分类性能。从深度卷积网络模型结构的角度来分析，尽管卷积网络模型结构设计越来越成熟，对应的模型结构及参数优化方法也越来越多，网络参数的数量不断减少，应用于图像分类时模型的准确率也在持续提升，但模型训练和计算的速度是在逐渐增加的，对训练资源和运算资源的需求较高，仍无法很好地适应资源受限的环境，应用于病虫害识别系统仍受到诸多限制。从学习方式来看，目前深度卷积网络模型主要采用有监督学习的方式完成分类任务，然而无监督学习在病虫害识别中具有更大的应用潜力。由于病虫害样本数据集质量和规模的限制，无监督式学习和半监督式学习的深度卷积网络模型将是未来的重点研究和应用方向之一[1]。

目前在采用各类网络优化方法的前提下，深度卷积网络模型的运算速度和计算资源消耗仍存在较大的改善空间，应用于嵌入式、移动设备等计算资源受限的平台中仍受到很大的制约，针对深度卷积网络参数的优化方法以及结构压缩算法仍有待于深入研究。从模型训练效率的角度来看，考虑到人工设计深度卷积网络代价较高的问题，王军敏等[2]针对纹理图像识别算法设计过程复杂，现有的基于深度卷积网络的算法不能很好地适应病虫害这类纹理复杂、样本数量较少的图像识别任务，提出了一种基于深度卷积网络和迁移学习的图像识别算法。该算法采用了已经在 ImageNet 图像数据集上预先训练好了的深度学习模型来构建新的迁移学习模型，在此基础上再使用参数优化方法对该迁移学习模型参数进行了优化。同时，将模型训练损失、验证损失以及训练集和验证集深度特征距离的加权和作为训练的代价函数。最后采用逐层训练策略和验证获得较优的深度学习模型。实验结果表明该算法在各类数据集上获得较高的识别精度，具有良好识别能力，为深度卷积网络在计算和训练资源有限的场合进行训练和应用提供了新的思路。

孙洁琪等[3]指出在图像识别过程中传统的池化操作会丢失部分检测对象的特征信息，从而降低图像识别的准确率。对此，在卷积模型中提出了一种基于离散小波变换的双域特征融合模块，以克服在深度卷积模型中直接执行池化操作时特征信息损失的问题。该双域特征融合模块进行了空域和通道域的特征融合，考虑将池化操作置于空域特征融合与通道域融合模块之间，能够有效地抑制特征信息损失。从而通过有针对性地替换深度卷积模型中的池化操作，双域特征融合模块能够很好地融入当前主流的深度网络架构中。而针对图像分类问题，将双域特征融合模块与 VGG、RestNet 等主流深度卷积网络架构进行整合，同时采用基于嵌入注意力机制网络和基于小波分析的深度卷积网络，得到了更高的分类性能。艾祖鹏等[4]针对深度卷积网络的结构设计问题，对深度卷积网络人工设计、移动端深度卷积网络人工设计和深度卷积网络自动化设计方法进行了比较和分析。对深度卷积网络的结构压缩与加速方法，如压缩、参数稀疏、剪枝、低秩分解、量化和知识蒸馏等算法进行了分析和比较，对研究网络参数及结构优化技术具有重要的参考意义。徐鹏涛等[5]针对当前的主流剪枝方法中存在的压缩模型计算时间较长和效果较差的问题，提出了一种针对深度卷积网络的层剪枝方法，能够将初始的卷积层变换为可融合残差卷积块，再采用稀疏化训练的方法实现对卷积核层的剪枝操作，设计了一种效率较高的剪枝方法，具有推理时间少、压缩性能较高的特点。实验结果表明该方法在图像分类任务中能够在分类精度损失较小的前提下获得较高的压缩率，优于当前主流的卷积核剪枝方法。

总的来说，基于深度卷积网络的识别模型在图像识别中普遍存在以下不足：①当前典型的基于深度卷积网络的识别方法在实际使用时对样本数据集的数量要求高，且训练时间长、资源消耗较大，在病虫害识别任务中其实际分类效果并不显著，未能适应茶叶病虫害的多样性与形态复杂性；②识别模型需要精确计算卷积核、池化等信息，可扩展性较差，模型较为复杂。针对这些不足，本章对深度卷积网络优化技术进行了分析和总结。分析了其训练方法，对参数优化进行了总结，针对卷积结构的多样化进行了进一步的分析与研究，使得网络性能得到一定程度的提升。此外，通过设置针对下一层的剪枝方法和基于参数类比的剪枝方法，能够有效地提高深度卷积网络的训练效率，同时也降低了识别模型的计算资源要求。

8.2 深度卷积网络的训练方法

深度卷积网络的训练方法能够保证网络参数的有效学习与优化，是深度卷积网络正常工作的关键过程。目前常用的训练方法是随机梯度下降方法，即在使用损失函数的基础上采用反向传播算法更新网络中的参数。该方法在深度学习发展过程中起到了重要作用，涌现出了许多基于该方法的学习策略。然而随着深度学习应用场景的扩展和深入，训练数据变得越来越庞大和复杂，学习任务也变得越来越困难，训练方法的改进与优化正成为当前的一个研究热点[6]。

目前研究较多的方法是基于梯度下降类方法和课程学习类方法。在机器学习领域，基于梯度下降的优化类方法是一种常见的优化算法[6]。例如在监督学习模型中，一旦完成深度卷积网络模型损失函数的构建，即可采用对损失函数求解一阶导数的方法实现对模型结构和参数的优化。随着数据规模和模型复杂度的增加，基于梯度下降的方法从采用全部数据训练集的损失值计算每一次梯度更新，发展到利用随机抽取小批次数据的损失值计算一次梯度更新。小批次随机梯度下降算法正逐渐成为当前基于梯度下降的优化方法的主流。因此可以认为深度卷积网络利用梯度下降算法进行优化源于反向传播算法的提出，有效地推动了深度卷积网络的研究与应用[7][8][9]。

值得指出的是，小批次随机梯度下降方法中的每批次数据都是随机抽样组成的，但样本数据集的多样性易导致相邻梯度更新幅度过大，出现严重的波动现象，会导致梯度更新不够平稳的问题[7]。目前有研究表明[8]，动量法通过将前后两次的梯度进行融合降低了小批次随机梯度下降法梯队更新的波动，能够在一定程度上加速模型的训练。根据这个思路，叶晓国[8]在动量法的基础上进一步增加了损失函数的二阶导数，使模型的收敛速度更快，但有时会导致过拟合现象。很多情况下，深度卷积网络梯度下降算法中的学习率的设置一直是个较为困难的问题，需要花费大量的时间进行优化操作[9]，学习率的设置很依赖实际应用经验。近几年来，研究者们针对这个问题已提出了很多具备自适应学习率的梯度下降算法。总体上，这一类方法本质上是对每个参数的梯度进行二次处理，实现每个参数自适应的梯度下降，从而加快深度卷积神经网络更快速更稳定地收敛[9]。

课程学习（CL）是一种通用的机器学习范式，引入了一种有指导意义的训练策略来训练机器学习模型。该策略受到人和动物有组织的学习方法的启发，利用具有不同复杂度的数据应该在机器模型训练过程的不同阶段被学习的规律。David 等[10]提出了从简单样本到困难样本的输入策略可以有效加速机器模型训练的策略，取得了较好的效果。随着神经网络的发展及其应用的日益广泛，基于人工设计的课程学习方法正在迅速发展。Kavitha 等[11]进一步分析了课程学习的定义和特点，探讨了其有利于机器模型训练的底层原理，有助于进一步改进课程学习的参数优化方法。Karan S 等[12]提出了一种融合自主学习与课程学习的方法，不但考虑模型训练前的先验知识，而且考虑了模型训练过程中的学习变化，提高了模型的学习效率。总的来讲，上述这些方法在一定程度上解决了两个基本问题，即如何定义课程和如何运用它指导模型训练，并对参数进行优化，以保证训练的效率。但在实际使用过程中，如何解决深度卷积网络模型的模型结构优化与参数调整问题，目前并没有通用的方法，相关的技术一直是当前深度卷积网络研究与应用中的一个关键问题。

8.3 参数优化方法

目前在设计深度卷积网络模型时仍然以类似网络的参数设置经验为指导，对现有的卷积网络参数进行设置，由于对深度学习的数学解释仍是一个未完全解决的问题，深度卷积网络的参数分配与其性能之间的关系仍有待进一步的研究[13]。目前针对这个问题已有一些相关的研究，重点是研究和分析深度卷积网络的参数分布与其在图像识别中的分类性能之间的关系，对此学者们已提出了各种分析手段与方法，如采用能量函数或改进的长尾函数来对深度卷积网络模型的参数分布进行分析和描述，并在此基础上研究深度网络模型的参数分布与网络性能之间的函数关系。还有一些研究采用马尔科夫链对参数分布进行建模，取得了较好的效果。近几年来随着深度学习网络的研究和广泛应用，深度卷积网络的规模不断扩大，网络的层次结构逐渐变得更多、更宽并包含更加密集的跳层连接[13][14]。针对深度卷积网络模型的性能随着深度递增而下降的现象，Hermondon 等学者[15]指出，这是由于深层网络在训练过程中出现了梯度消失和梯度爆炸现象而导致的。针对这个问题，他们设计了一种基于残差学习的深度网络框架，进一步加深了卷积网络深度的可控性，使深度卷积网络的性能得到显著增强，这是深度卷积网络的一个非常重要的进展，基于残差学习的框架也得到了更多研究者的关注。本质上，可以通过增强卷积层之间的跳层连接得到密集残差网络，但对于如何确定和优化深度卷积网络中卷积层的参数，进一步优化网络结构，构建性能更优的深度卷积网络仍然是一个有待深入研究的问题[16][17]。

8.3.1 卷积核分析

近几年来，随着研究的深入，深度卷积网络的基本结构并没有发生大的变化，仍然是由卷积层、池化层和全连接层构成，但层次的数量迅速扩充，参数量也持续递增，结构及参数优化的难度不断增加。为了便于分析和描述深度卷积网络的参数分布，网络中当前层的卷积核会结合前一卷积层所有通道的信息形成新的特征，并引入一些基于概率分析的网络结构优化技术，如剪枝、压缩等技术。对当前卷积层中的卷积核而言，前一卷积层的特征图通道数将直接影响其通道数，进而对当前卷积层的可学习参数的数量产生非常重要的影响。对此，可采用式（8－1）对整个网络中可学习的参数总数量进行描述[16]。

$$p_{all} = k^2 \times \left(n_0 \times n_1 + \sum_{i=2}^{N} n_{i-1} \times n_i\right) \tag{8-1}$$

式中的 p_{all} 表示深度卷积网络中可学习的参数数量，N 代表卷积层的总层数。

此外，深度卷积网络中卷积操作过程可以作为信号传输的过程进行建模和分析。本质上，当前层卷积层的特征是采用卷积核在前一卷积层的特征图中进行融合计算而得到，如果模型中的前一层卷积层是信号源，则可以将当前层的卷积层看作是信号源的输出。根据这样的假设，可以采用信息熵来描述网络中卷积层的能量值[16]。为准确表达网络参数的分布情况，可以将各卷积层的能量采用式（8－2）进行计算。

$$p_i = -\log\left(\frac{1}{n_i}\right) \tag{8-2}$$

式中的 n_i 表示第 i 层卷积层中特征图的通道数量，$\frac{1}{n_i}$ 为第 i 个通道特征图的概率。在此基础上，可以看出在卷积操作中前一层卷积层特征图的通道数和当前层卷积层卷积核的通道数是一致的，前一层卷积层对于当前层卷积层的可学习参数数量有乘数关系。因此可将网络中各卷积层的能量相乘后得到整个模型的能量值。将深度卷积网络的能量值按式（8－3）进行计算。

$$P = \prod_{i=1}^{N} p_i \tag{8-3}$$

式中的 P 代表一个共有 N 层的卷积层的神经网络的总的能量值，从本质上描述了卷积网络的表达能力。

基于上述分析，可以根据能量值与卷积网络的性能之间建立关系，描述基于深度卷积网络的模型在能量约束下的最大性能[16]，并以此为依据对网络模型开展参数及结构的优化操作，进一步提升网络的性能。

8.3.2 参数分布与优化

在上一节讨论的基础上，基于式（8-3），可以采用能量函数来对深度卷积网络参数分布进行计算和优化，因此需要先确定深度卷积网络模型中的参数分布与其性能之间的关系。值得指出的是，目前已知深度卷积网络模型的参数分布的能量值与其性能之间近似为正比例关系，即深度卷积网络模型的参数分布能量值越大，则该模型的性能越理想，越能表达更为复杂的关系。根据二者之间的正比例关系，可以将优化深度卷积网络模型参数最优分布问题转化成计算模型参数分布最大能量值的问题。基于该优化问题，可以在进一步求解深度卷积网络参数分布的最大能量值的基础上确定模型优化的参数分布，得到性能最优的深度卷积网络[16]。因此，可以定义深度卷积网络模型参数分布最大能量值的优化目标函数如式（8-4）所示[16]。

$$\max k \cdot \prod_{i=1}^{N} p_i$$

$$\sum_{i=1}^{N} n_{i-1} \times n_i = M \tag{8-4}$$

式中的 N 表示深度卷积网络模型中卷积核的数量，M 表示深度卷积网络模型中可学习的参数数量，k 为加权系数，一般取经验值。

针对式（8-4）所示约束条件，可以采用拉格朗日乘数法进行处理，从而能够得到如式（8-5）所示的式子[16]。

$$L(n,\lambda_0,\lambda_1,\cdots,\lambda_N) = \lambda_0\left(\sum_{i=1}^{N} n_{i-1} \times n_i - M\right) + \sum_{i=1}^{N} \lambda_i (n_{i-1} - n_i) + \prod_{i=1}^{N} \log(n_i) \tag{8-5}$$

式中的 λ_0，λ_1，…，λ_N 表示拉格朗日乘子。在此基础上，可以利用上述几个公式对深度卷积网络模型的参数分布进行计算，有助于增强卷积网络的性能。此外，在求解网络的最优参数分布时，仅调整可学习参数在深度卷积网络中不同层之间的分配，并不会修改深度卷积网络模型中其他功能层的结构与参数配置。同时，在计算过程中将网络中的残差模块作为变量，能够有效地减少模型中变量的数量，在较短的时间内对深度卷积网络模型中的参数分布进行计算[16]。实际应用表明，采用这种方式计算参数分布，可有效提升网络表达能力，并为下一步的网络结构剪枝打下良好的基础，是目前深度卷积网络优化领域的一个重要研究方向。

8.3.3 模型分析与验证

为验证深度卷积网络参数分布及其性能之间的关系，计算卷积网络模型的能量，在三个图像分类数据集上进行了实验。该数据集来源于 ImageNet，为减少训练时间，使用了具有较低分辨率的图像数据，各类图像数据集中的图像分辨率为 256×256。为保证模型的精度，从数据集中选取了 90 000 幅图像作为训练集，另有 30 000 幅图像作为测试集。在设计深度卷积网络模型时，其第一层卷积层包含 32 个卷积核，第二层卷积层包含 64 个卷积核，以此类推。

为便于分析深度卷积网络模型的参数分布与模型性能之间的关系，先采用一个浅层的深度卷积网络及其衍生的具有不同的模型参数分布的模型在数据集上进行训练和测试。该浅层网络的卷积层有 16 个卷积核，这些训练与测试的基本前提是在调整浅层深度卷积网络模型的参数分布时让网络可学习参数的数量保持稳定，同时也不修改深度卷积网络模型中其他任何配置。基于上述条件，对应的浅层深度卷积网络可以生成多种具备不同模型参数分布的深度卷积网络模型，该参数分布主要是长尾分布。在此基础上，根据式 8-3 与式 8-4 对这些网络模型的能量消耗进行计算，可以获得相应模型的能量消耗问题。在此基础上，可以针对各数据集从符合条件的深度卷积网络模型中随机选择 64 种网络，在分析模型的能量消耗时将前向传播过程中所执行的乘法操作的次数当作评测指标。所使用的计算平台为：内存 8GB，CPU i7 13 700K，GPU（NVIDIA）H100。表 8-1 为不同模型的能量消耗对比[16]。

表 8-1 不同卷积网络模型的能量消耗对比

卷积网络	参数	能量消耗（e^8/opts）
ResNet32Opt	（64，64×3，128×4，256×6）	2.97
ResNet32Opt	（64，224×3，226×4，240×6）	2.14
ResNet101Opt	（64，64×3，128×4，256×23）	3.11
ResNet101Opt	（64，64×3，128×4，256×6）	1.29

从表 8-1 中不难看出，由于 ResNet32Opt 网络前几层卷积层中特征图的尺寸较大，增加卷积核的个数后会在一定程度上导致较多的计算消耗。而优化后的 ResNet32 Opt 网络的前几层会有更多的卷积核，这是导致 Res Net34 Opt 网络能量增多的主要原因[18]。从表 8-1 可知，最初的卷积网络结构和参数分布与之后的网络之间能量消耗有较大区别，其主要原因在于网络模型自身

结构的差异，主要是卷积核及池化层的具体参数导致的。如将各模型该类参数设为相同，上述表中模型所对应的能量消耗的差别有所缩小（约缩小7.43%），但差别仍很明显。值得注意的是，在对当前已有卷积网络参数分布进行优化操作的同时，一个重要的前提是保证深度卷积网络可学习参数数量的稳定，即深度卷积网络的能量消耗不会被修正[18]。但在实际应用中，可学习参数能够在不同卷积层之间进行重新优化与分配，导致深度卷积网络的能量消耗会在运行过程中有一定的调整。

8.4 深度卷积网络的剪枝方法

近几年来，随着深度学习技术的发展与成熟，深度卷积网络在图像识别中已得到较为广泛的应用。经过多年的发展，深度卷积网络结构也较为稳定，其分类与运算性能也基本能满足数字图像处理的要求。但深度卷积网络在训练时需要大量的存储空间和较高的运算能力，对样本数据集的规模要求较高，这些因素在很大程度上影响了深度卷积网络在一些资源有限的平台上的应用，不利于深度学习技术的推广。此外，深度卷积网络不但受到了软硬件资源的约束，还受到传输网络时延、带宽、隐私及安全性等因素的影响。在实际应用场景中，基于深度卷积网络的模型要求持续依赖于应用场景中的高性能服务器是不合理的。在这种背景下，针对深度卷积网络的结构压缩与优化技术成为深度学习中的一个重要研究内容。目前针对深度卷积网络的结构压缩与优化技术有很多种，主要有剪枝、网络量化、低秩分解、知识蒸馏、轻量级神经网络框架设计和神经框架搜索等[18]。当前在图像识别及目标检测应用领域中对网络剪枝技术、轻量级神经网络框架设计和神经框架搜索等技术进行了重点研究。根据剪枝粒度的差异，主要的剪枝技术包括了权重剪枝、连接剪枝、通道剪枝以及层剪枝等[19]。此外，由于剪枝技术会导致网络规模压缩和训练加速两项性能的调整，实际应用中一般是针对通道相关粒度的结构化剪枝方法进行研究和测试，同时也注重对轻量级神经网络框架的研究与分析，由于该类框架的紧凑和高效特性，目前也受到了很多研究者的关注[19]。

目前在主要的深度卷积网络结构压缩与训练加速的方法中，网络剪枝技术是深度卷积网络结构压缩与训练加速性能表现突出的一种，该技术是采用基于启发式的准则对参数进行的重要性评估，再对重要性较低的网络结构进行修剪和调整，并采用再训练策略对剪枝后的网络性能进行恢复操作。从实际应用的效果来看，其效率较高，对网络性能改善较为明显。分析表明，制约该技术推广应用的主要因素是剪枝粒度、启发式准则选择和微调策略等几方面。一般来说，在深度卷积网络中删减一定比例的网络参数并不会导致网络性能的显著下降，同时能够得到更为高效的卷积网络结构。具体来讲，可以根据剪枝参数粒度的大小将网络剪枝方法划分为权重剪枝、连接剪枝、通道剪枝、块剪枝和层剪枝等几类。考虑到网络参数的粒度与网络结构的对应关系，这些方法又可以划分为结构化剪枝和非结构化剪枝两类。此外，在剪枝过程中的参数重要性识别直接关系到剪枝算法的效率，该过程被称为参数选择。可见，如何设计出准确、高效的网络参数重要性评估方法是剪枝算法设计的一个关键内容[20]，也是制约其大规模应用的一个主要因素。

基于重要性度量标准，剪枝方法也可以分为基于量的方法和稀疏性诱导方法两种。网络参数的重要性在模型的训练过程中是动态变化的，其记载的信息量随着训练过程而不断变化。因此在网络剪枝过程中过早地剪枝不太重要的参数易导致剪枝后的网络模型陷入局部最优，出现过拟合的现象。因此研究者提出低精度量化深度神经网络的方法，即通过二值化和三值化深度神经网络的权值和激活值[20]，该方法可以显著提高网络模型的精度与训练效率。有学者[21]分析了知识蒸馏的网络压缩框架结构，通过引入与教师网络相关的软目标作为损失函数的一部分，以诱导学生网络的训练而实现知识迁移，让学生网络具有与教师网络相当的表达能力，最终获得一个紧凑而高效的网络模型。该文同时对一些能够自动设计深度卷积网络的策略进行了总结，指出该类策略能够为搜索空间定义不同类型的层操作，即卷积、池化、全连接、全局平均池化和softmax操作，在此基础上提出了一种基于Q-learning逐层选择最佳的层操作方法，有助于构建较优的深度卷积网络。从剪枝技术的性能与效率来看，目前面向下一层参数的剪枝方法和基于参数类比的剪枝方法是剪枝技术中性能较好的，具有一定的实际应用价值。

8.4.1 面向下一层参数的剪枝方法

在深度卷积网络中，当网络中的某一个特征图被剪枝后，后面的特征图也会通过前向传播发生结构改变，引起目标函数发生偏移和误差。本质上，深度卷积网络模型的输出是由后一层特征图的变化而导致相应变化的。因此，可以考虑采用泰勒展开方式来描述基于这些特征图改变的网络输出的变化量，这种方法被称为基于下一层的泰勒展开剪枝方法[13]。值得指出的是，该剪枝准则基于对参数最小化变化幅度的累积计算和分析，要考虑到缓解网络性能起伏较大的问题，特别当网络性能急剧下降时，能够准确地对网络中的每个通道的重要性进行计算。一种合适的思路是在合理的小训练数据集上对通道的重要性进行计算并排序，以验证在该优化过程中所采用的剪枝准则的有效性和可靠性，并有效地减少计算复杂度，降低硬件负载。同时，为了提高深度卷积网络的训练效率，应采用相应的学习策略对剪枝后的网络进行再训练。为了防止剪枝后的网络无法恢复到原来的性能，可以考虑采用部分训练数据集进行再训练来提升网络性能。如果用较大比例的训练数据集对网络模型进行再训练，能够进一步恢复剪枝网络的性能[13]，但会导致网络学习时间显著延长，计算代价增加。

可以看出，尽管非结构化的剪枝方法，如权重和连接剪枝可以针对卷积网络达到更高的压缩比，但是结构化的剪枝方法，如滤波器和通道剪枝，反而能够获得更规整的稀疏网络结构，实践证明这是网络压缩和加速的较优的一个方法。特别地，为了更有效地进行网络结构压缩，研究者已经提出了各种不同的剪枝准则，包括最小化数值和灵敏度分析等方法[20]。

在上述讨论的基础上，设一个卷积网络有 l 层，且第 l 层有 N_l 个通道完成线性、非线性、归一化和池化等各类运算，且第 l 层中第 i 个滤波器的参数为 θ_i^l。可以看出，每个滤波器的参数由权重矩阵和偏置组成，该类参数构成了对应的深度卷积网络的参数集。本质上，对深度卷积神经网络进行剪枝的操作是去除那些最不重要的参数，使该网络在识别精度方面下降到可接收的范围内，同时对卷积网络性能的影响达到最小化。因此可以将剪枝问题转化为优化问题，如式（8－6）所示[18]。

$$\begin{gathered}\min(L(\hat{\Phi},X)-L(\Phi,X))\\ |\hat{\Phi}|\leqslant|\Phi|\cdot z\end{gathered}\tag{8-6}$$

式中，$L(\hat{\Phi},X)$ 为目标函数，z 为参数的压缩率，可以表示为。

$$z=\frac{r}{k\cdot\sqrt{H}}\tag{8-7}$$

其中 r 与 k 分别为剪枝前的参数量与剪枝后的参数量，H 为调整因子，根据实验取得，此处取 9.461。

在此基础上，可以得出如式（8－8）所示的剪枝准则。

$$Z(K_i^l)=\frac{1}{K^{l+1}}\sum_{k=1}^{N_{l+1}}\beta K_k^{l+1}\frac{\partial L}{\partial L_k^{l+1}}\tag{8-8}$$

式中的 $Z(K_i^l)$ 表示特征图 K_i^l 的重要性。

因此，为了获得较优的深度卷积网络模型，首先，可以在预训练模型的基础上对深度卷积网络进行微调以获得最优性能。其次，网络参数的重要性不仅取决于网络的结构和参数类型，还取决于训练数据集。选择适当比例的训练数据集可以高效合理地对参数的重要性进行分析和排列。因此，可以在完成对深度卷积网络的剪枝后，进一步采用一定比例的训练数据集对该网络进行再训练，以保证网络的精度不会显著降低。从应用效果来看，可以采用20%左右的训练集对网络进行再训练，其性能较为稳定和均衡。在完成对不重要的网络参数进行删减后，可以考虑先用剪枝前的权值对模型进行初始化操作，再用部分数据集（12%左右的训练集）对网络进行再训练，以保证网络的性能没有较大的起伏，避免造成网络模型精度的下降，得到一个局部的最小值而无法达到原来的模型性能。一般情况下，对模型进行多次的剪枝和再训练迭代后，对剪枝后的网络在更大的数据集比例或完整的训练数据集上进行再训练[20]，可以在一定程度上恢复网络的性能。具体而言，在设计时可以通过实验得到训练良好的基本网络，在此基础上再利用剪枝准则对网络参数进行排序，逐个删减最不重要的参数，再对剪枝后的卷积网络进行训练，保证模型的性能稳定。

8.4.2 基于参数类比的剪枝方法

在设计深度卷积网络时，考虑到计算效率，可以对网络中的滤波器进行分组后再在各组中对卷积核组进行剪枝运算，其目的是筛选出能够从输入特征图中获得主要特征的卷积核组，该核组保存了特征的主要信息，将这些卷积核组进行编组和排列后，即可将网络中余下的卷积核组执行删减操作，并不会影响到网络的性能，并能够实现对卷积网络参数数量的优化。值得注意的是，卷积核之间的一些几何特性，如卷积核之间的距离、方向、模型等信息中包含着许多与输入特征相关的重要信息，这些信息可以作为网络剪枝的依据，已经有一些研究用到了这些信息对深度卷积网络进行压缩和加速[21]。但很多工作对这些几何特性的利用并不充分，一般都会选择利用基于范数的剪枝策略来评估网络参数的重要性，并在此基础上判断是否对该参数进行删减。

目前在实际操作时，多数情况下是将范数值较小的参数执行删减，然而该过程并没有充分考虑到卷积核间的深度、距离等几何特性，可能会删减掉一些重要的参数。因此在该类方法中应首先考虑对滤波器分组的问题，因为在网络中同一组中的滤波器会具备相似的范数值。而基于范数大小的剪枝算法对参数进行优化时将同一组中的参数都进行了删减，不利于提高剪枝的效率，网络模型的性能也难以得到保证。因此剪枝策略应充分考虑到参数间的几何特性，如深度与距离等，筛选出不重要的或能够被其他参数替代的参数进行删减[20]。一种实用的策略是对于任意一个滤波器组，先将其中包含的卷积核组转换为对应的向量，再采用聚类算法（K 均值聚类算法）计算该卷积核向量的聚类中心，这些聚类中心可以作为对应的卷积核向量平均值，而中心点向量中包含的信息也可以被涵盖，进而可以考虑将距离该中心点较近的向量所对应的卷积核组作为网络剪枝过程中的冗余参数。此外，为了更精确地得到卷积核组之间的几何特性，可以考虑采用余弦距离衡量各个向量与中心向量之间的距离，距离中心向量越远的卷积核组拥有更高的重要性评分[20]。具体地，第 n 层中第 i 个滤波器组中第 j 个卷积核的重要性可以用式（8－9）进行计算：

$$T_{i,j}^{n}=\frac{\| v_{i,j}^{n} \| \cdot \| c_{i}^{n} \| - v_{i,j}^{n} \cdot c_{i}^{n}}{\| v_{i,j}^{n} \| \cdot \| c_{i}^{n} \|} \tag{8-9}$$

式中的 c_i^n 表示第 i 个滤波器组中所有卷积核组的中心向量。

因此，可以得出基于参数的算法的基本流程：首先，计算卷积核组并构成向量 V，然后计算其聚类中心并将其作为核向量的平均值，进而求取各向量与平均值的差，根据差的大小对卷积核组进行标注，如标注小于阈值 φ，则将其进行删减。阈值 φ 的值可以在实验中取得，本章取 0.016。

此外，在构建网络滤波器组的过程中，构建权重示意图的操作即为重构的第一个步骤。根据滤波器的分组结果，对滤波器进行排列，使属于同一组的滤波器被放置在一起，即按照组的顺序依次进行排列。具体的滤波器组有如下定义[20]：

定义 1：网络中处于同一组内的所有滤波器称之为一个滤波器组。可表示为：

$$filter_i^n \in R^{c \times k \times k \times n/g} \tag{8-10}$$

其中第 n 个卷积层中包含了 g 个滤波器组。

定义 2：滤波器组中与同一个输入通道相对应的所有卷积核共同组成一个卷积核组。可表示为：

$$ken_i^n \in R^{k \times k \times N/g} \tag{8-11}$$

一个滤波器组中共包含 C 个卷积核组，因此第 n 层中共有 $C \times G$ 个卷积核组，每个卷积核组中包含 N/g 个卷积核。

其次，在对滤波器进行重排的基础上，将滤波器对应的输出通道也移动到相应的位置，以保证网络的表达能力不会降低。考虑到不应对后续卷积层的输入特征图产生影响，在滤波器重新排列后对输出通道也进行相应的重新排列，使其在卷积运算后恢复成原始的输出通道顺序，更好地传递给下一个卷积层[21]。值得指出的是，在滤波器组内进行组剪枝操作后，卷积层的参数将软化成稀疏的张量，其范数可能会减少，会对网络的表达能力造成不利影响。在这种情况下，为了避免稀疏张量对网络性能的影响，可以将输入通道再次进行排序操作，将各组选择出的输入通道放置在该组相应的位置上。最后，将重构后的稀疏卷积层转换为组卷积层的结构，加大其密度，调整各个剪枝后的网络以恢复网络的准确率[21]。总体上，其最优策略是将范数小的那一组滤波器剪掉，而不是考虑在各个组内进行相同剪枝率的剪枝。此外，基于参数类比的剪枝策略是一种出现较早的剪枝算法，目前有很多网络压缩算法都采用该策略进行剪枝，但会忽略掉参数之间的几何特性[21]。

8.5 实验结果及分析

8.5.1 实验方案及参数设置

数据集采用了 ImageNet，该数据集的训练集中有满足模型训练使用的 RGB 图片，测试集中包含了 50 000 张以上的 RGB 图片。首先对该数据集使用如下的数据扩充方法：为便于操作，首先对训练数据集进行统一的优化，将图像转换为 256×256 像素大小的 RGB 图片，然后将其调整为 224×224 大小，同时按一定的概率（65%）对图片进行水平翻转。类似地，对于测试所用的数据集，同样将图像统一修改为 256×256 像素。在此基础上，将其以 50%的概率剪裁至 224×224 大小。然后将训练集和测试集中的 RGB 图片根据均值和标准差进行统一的正则化处理。再采用一次性剪枝技术将模型剪至期望的剪枝率，进而完成统一的网络结构调整，在这个过程中使用了剪枝与微调操作交替进行的迭代剪枝模式，以保证剪枝的效率，同时也有效地降低了计算复杂度。一般来说，迭代剪枝模式往往可以达到更高的运算效率，其优化性能突出，但计算复杂度较高，剪枝过程中会耗费较长时间。故在模型中采用了一次性剪枝模式，其性能较好，便于实现。

具体而言，为提高针对网络的剪枝效率，推荐将学习率设定为 0.12，将块的大小设为 32，可获得较为均衡的性能。本质上，在相同的剪枝率下，准确率越高则表明该算法的性能越好。而剪枝率是采用浮点计算量和参数量进行衡量，其中浮点计算量用来衡量剪枝的加速效果，参数量用来衡量网络的压缩效果。剪枝算法通过去掉网络中的冗余参数以减少网络的参数量，实现对网络的压缩。而网络参数量的减少会带来浮点运算量的下降，达到加速网络训练与测试过程的目的。对数据集进行设定后，根据第4章中的迁移学习技术，可以将上述优化方法直接应用于茶煤病和茶炭疽病的识别模型优化过程，对未剪枝的准确率与剪枝后的准确率进行比较和分析，同时也对不同模型的计算时间进行对比和分析。

8.5.2 实验结果分析

表8-2显示了在使用上一节的训练数据集ImageNet，对网络模型VGG16和RestNet56进行修剪后的识别准确率对比。剪枝率均为41.06%，且剪枝后的网络均经过了300次参数微调。采用了面向下一层参数的剪枝方法，对模型进行了优化。在实验中比较了未经剪枝的预训练好的原始网络的准确率和剪枝后的准确率，并对模型的计算时间进行了统计，便于衡量模型的效率。

表8-2 网络性能对比

网络类型	未经剪枝的准确率（%）	剪枝后的准确率（%）	计算时间（秒）
VGG16	95.42	95.14	924
RestNet56	94.56	94.29	791

从表8-2可知，在模型中采用了剪枝策略后，模型的准确率有了较为明显的提升。对VGG16而言，参数总量及模型迭代次数下降了0.28个百分点，RestNet56下降了0.27个百分点。表明提出的剪枝策略能够降低模型的运算复杂度，其计算策略也是合理的，可以更有效地保留网络中的信息，维持网络原有的准确率。在现有的大部分分组剪枝算法中，均采用了基于范数的剪枝策略，将参数间的特性作为剪枝的参数重要性评估依据，可以进一步提升分组剪枝算法的性能。

为了评估基于参数类比的剪枝方法性能，针对VGG16和RestNet56两种网络模型采用了基于参数类比的剪枝方法进行优化，以改善模型的精度，降低其运算复杂度。数据集也采用了ImageNet。表8-3列出了两种网络模型在剪枝前和剪枝后的识别准确率。将剪枝率均设为41.06%，且剪枝后的网络均经过了200次参数微调。从表中可知两种网络模型剪枝后的准确率都有所提升，计算时间也得到显著改善。综合来看，基于参数类比的剪枝方法更易于实现，且计算复杂度也得到了更好的控制，但在识别准确率方面较面向下一层参数的剪枝方法有所弱化。

表8-3 网络性能对比

网络类型	未经剪枝的准确率（%）	剪枝后的准确率（%）	计算时间（秒）
VGG16	94.33	95.01	913
RestNet56	94.22	94.47	828

为验证剪枝方法在茶叶病害识别模型的应用效果，将本书提出的算法与VGG16、RestNet56模型在茶叶病害图像上的识别结果进行了比较，采用的茶叶病害为炭疽病和茶煤病，该病害是西南地区茶叶常见的病害，危害区域广泛，图片易于采集，非常有代表性。茶煤病样本的总数量300张，茶炭疽病样本总数量500张，采用了本章中的剪枝算法，并统计了各识别算法的识别率。表8-4是上述算法识别率的比较。由表8-4可知，卷积网络（CNN）的测试准确率为94.1%，基于VGG16方法的测试准确率为95.2%，Inception V3模型的测试准确率为94.5%。从实验结果来看，本书的方法在测试集中准确率可达到95.5%，算法的准确率较高，实际应用价值更高。

表8-4 不同方法的性能对比（茶炭疽病）

识别方法	训练集识别率（%）	测试集识别率（%）
本章提出的方法	96.8	95.5
CNN	93.9	94.1
基于VGG16的方法	94.0	95.2
Inception V3	93.4	94.5

表8-5是优化算法应用于针对茶煤病的实际识别结果。茶煤病的图像纹理更复杂，分割与特征提取更耗时。可以看出卷积网络的测试准确率达到了96.3%，基于VGG16方法的测试准确率为95.6%，Inception V3模型的测试准确率为93.1%。本章的方法在测试集中准确率可达96.3%，本书的方法针对茶煤病的识别准确率更高，表明网络优化技术对模型性能有一定的改善。

表 8-5 不同方法的性能对比（茶煤病）

识别方法	训练集识别率（%）	测试集识别率（%）
本章提出的方法	96.1	96.3
CNN	92.7	93.3
基于 VGG16 的方法	94.4	95.6
Inception V3	92.9	93.1

8.6 本章小结

深度卷积网络是深度学习中一种十分重要的技术，在茶叶病虫害识别系统中具有重要的应用价值。本章针对目前深度卷积网络对训练数据和计算资源要求较高的问题，分析了深度卷积网络的优化技术，重点探讨了卷积网络模型的剪枝方法，讨论了面向下一层参数的剪枝方法和基于参数类比的剪枝方法，并探讨了其基本网络模型与实现策略，对该类方法的性能进行了分析和总结。同时，为解决训练数据变得越来越庞大和复杂的问题，总结了模型学习任务的困难程度，对卷积核分析方法进行了探讨，讨论了一种针对卷积网络能量值的计算策略。针对参数分布与优化，根据卷积神经网络参数分布的能量值与其对应的层次性能之间近似为正比关系，分析了一种参数分布的优化策略，在求解网络最优参数分布的时候，可动态调整可学习参数在不同层的分配，并对该方法进行了深入的探讨。总的来看，深度卷积网络的优化方法目前是深度学习中的一个重要研究方向，对提升网络性能、降低网络训练时间具有极其重要的实际应用价值。

参 考 文 献

[1] 张珂，冯晓晗，郭玉荣，等．图像分类的深度卷积神经网络模型综述［J］．中国图象图形学报，2021，26（10）：2306-2326.

[2] 王军敏，樊养余，李祖贺．基于深度卷积神经网络和迁移学习的纹理图像识别［J］．2022，34（5）：702-711.

[3] 孙洁琪，李亚峰，张文博，等．基于离散小波变换的双域特征融合深度卷积神经网络［J］．计算机科学，2022，49（6）：435-441.

[4] 艾祖鹏，刘雨帆，阮晓峰，等．深度卷积神经网络压缩与加速研究进展［J］．中国基

础科学，2022（3）：2－9.
[5] 徐鹏涛，曹健，孙文宇，等．基于可融合残差卷积块的深度神经网络模型层剪枝方法[J]. 北京大学学报（自然科学版），2022，58（5）：801－807.
[6] Deng D X，Zheng Z W，Huo M M. A survey：the progress of routing technology in satellite communication networks [C] //2011 International Conference on Mechatronic Science，Electric Engineering and Computer. 2011. 19－22.
[7] 叶晓国，王汝传，王绍棣．基于区分服务的分层多播拥塞控制算法 [J]. 软件学报．2006，17（7）：1609－1616.
[8] Junya Akamatsu，Kenta Matsushima，Miki Yamamoto. Equation-based multicast congestion control in data center networks [C] //18th Asia-Pacific Network Operations and Management Symposium（APNOMS）. 2016：2438－2444.
[9] Georgios S. Paschos，Chih-Ping Li，Eytan Modiano，Kostas Choumas，Thanasis Korakis. In-Network congestion control for multirate multicast [J]. IEEE/ACM Transactions on Networking，2016，24（5）：3043－3055.
[10] David P，Vazquez M A. NUM-Based fair rate-delay balancing for layered video multicasting over adaptive satellite networks [J]. IEEE Journal on Selected Areas in Communications，2011，29（5）：969－978.
[11] Kavitha N. S.，Malathi P. Analysis of congestion control based on Engset loss formula-inspired queue model in wireless networks [J]. Computers & Electrical Engineering，2017，64（11）：567－579.
[12] Karan S，Rama S Y. Multilayer joining for receiver driven multicast congestion control [J]. Procedia Technology，2012（4）：151－157.
[13] Kashif Naseer Qureshi，Abdul Hanan Abdullah，Omprakash Kaiwartya，Saleem Iqbal，Faisal Bashir. A dynamic congestion control scheme for safety applications in vehicular ad hoc networks [J]. Computers & Electrical Engineering，2018，72（11）：774－788.
[14] 徐伟强，吴铁军，汪亚明，等．用于 Ad Hoc 网络的自适应多速率多播拥塞控制策略 [J]. 软件学报，2008，19（3）：770－779.
[15] Hermando L，Mendiburu A，Lozano J. An evaluation of methods for estimating the number of local optima in combinatorial optimization problems [J]. Evolutionary Computation，2013，21（4）：625－658.
[16] A. Xenakis，F. Foukalas，G. Stamoulis. Cross-layer energy-aware topology control through Simulated annealing for WSNs [J]. Computers & Electrical Engineering，2016，56（11）：576－590.
[17] Wang L，Pu Z H，Wen S F. Optimal operation strategies for batch distillation by using

a fast adaptive simulated annealing algorithm [C] //10th World Congress on Intelligent Control and Automation. 2012：2426-2430.

[18] Shumin Yue，Yewen Cao. An improved TFMCC protocol based on end-to-end unidirectional delay jitter [C] //IEEE 13th International Conference on Communication Technology. 2011：1028-1032.

[19] Rodriguez F J，Garcia M C，Lozano M. Hybrid metaheuristics based on evolutionary algorithms and simulated annealing：taxonomy，comparison，and synergy test [J]. IEEE Transactions on Evolutionary Computation，2012，16 (6)：787-800.

[20] Huang Z.，Wang N. Data-driven sparse structure selection for deep neural networks [C] //Proceedings of the European Conference on Computer Vision. 2018：304-320.

[21] Wu B，Dai X，Zhang P，et al.，Fbnet：Hardware-aware efficient convnet design via differentiable neural architecture search [C] //Proceedings of the IEEE Conference on Computer Vision and Pattern Recognition. 2019：10734-10742.

第9章　茶叶病虫害诊断专家系统

茶叶在我国农业生产中占有十分重要的地位，很长一段时间是我国农产品出口的核心产品。近些年随着国内茶叶种植面积的持续增加，茶叶种植和加工成为一项重要经济作物，对增加农民收入、促进乡村振兴具有十分重要的意义。目前常见的茶叶病害有30余种，主要有茶炭疽病、茶饼病、茶网饼病、茶轮斑病、茶云纹叶枯病、茶白星病、圆赤星病、茶煤病、茶芽枯病等。常见的茶叶害虫有小绿叶蝉、螨类、蚜虫、黑刺粉虱、茶尺蠖等共约900余种，每年给茶产业造成了巨大的损失[1]。近年来随着气候的变化，茶叶病虫害发生频率不断提高，区域性病虫害持续泛滥，病虫害对茶叶品质的影响逐年加重。具体危害表现在以下两个方面：一是茶叶病害严重危害茶叶叶片及根、茎，严重影响茶树的生长发育，降低茶叶质量。二是茶叶害虫会啃食茶树嫩叶和老叶，严重影响茶叶品质，增加管理成本，每年给茶产业造成了巨大的经济损失。如何及时诊断与防治茶叶病虫害，一直是茶产业发展过程中的一个非常重要的问题[1]。

专家系统是一种能够充分发挥植保专家的知识作用，利用农业物联网、数字图像处理、人工智能技术实现对茶叶病虫害自动诊治的人工智能系统，能有效地对病虫害的种类与危害进行实时识别和评估，并能给出相应的防治建议，对及时识别与治理茶叶病虫害效果显著。研究和设计针对茶叶常见病虫害防治诊断专家系统对我国茶叶产业的可持续发展有着重要意义。值得指出的是，由于茶叶病虫害种类较多，其分布规律、形态特征、危害症状、发育特点、发生规律与防治方法各不相同，要实现对所有已知的茶叶病虫害的诊断与防治不是一个能在短期内完成的任务[2]。因此，在茶叶病虫害诊断专家系统中以少数几种病虫害的识别与诊断为切入点，技术成熟以后不断扩大病虫害数据库，将其他各种病虫害逐步增加到系统中，增加病虫害样本种类和数量，持续提高专家系统性能，是一种符合当前的茶叶病虫害防治现状与技术水平的可行思路。

针对专家系统在病虫害防治及生态环境整治中的应用，目前已有一些研究成果。高宏伟等[3]利用专家系统及人工智能相关理论和技术，针对鼠害频发的阿拉善荒漠区分布面积较大的红砂与泡泡刺生境、红砂和杂类草生境和白刺生境，记录和统计了3种生境中啮齿动物种群的数量，根据对啮齿动物种群相对数量与荒漠区灌木和草本植物之间的依存关系分析，构建了相应的专家系统。他们深入探讨了主要害鼠，包括沙鼠、三趾跳鼠和小毛足鼠等典型鼠类，分析种群相对数量与植物群落因子间的动态关系，以MapGIS地理信息平台为基础，设计和实现了针对阿拉善荒漠区啮齿动物群落模拟专家系统，可对植物群落与啮齿动物群落的反馈动态变化进行自动分析，能够利用植物群落指标预测啮齿动物群落组分及其相对数量变化，可以为鼠害科学防控提供决策依据。值得指出的是，该方法利用主成分分析与多项式回归分析相结合的分析方法能够评估不同生境下不同植物因子变量信息的综合作用，并以此为基础构建了拟合度较高的多元非线性模型，对专家系统推理机设计具有一定的参考意义。

徐恒玉[4]深入分析了传统的施肥灌溉控制策略性能，指出其不足之处在于环境参数和农作物生长参数无法实时获取，且农作物管理人员只能凭借个人感觉和经验等主观意识进行施肥和灌溉，相关操作的科学性和时效性较差，会导致水资源和肥料严重浪费，无法做到精准施肥与灌溉。此外，人工配制作物肥料的效率较低、效果不佳，相关作物的生产质量和产量较低，经济效益难以保证。针对这些问题，他深入研究了专家系统基本结构和工作原理，设计和实现了基于专家知识库的智能施肥灌溉决策系统，使用传感器技术完成了现场环境和农作物生长参数的实时采集，基于人类专家的知识构建了知识库，并使用模型推理技术开发了智能施肥灌溉决策系统。实际应用的结果表明，基于专家知识库的智能施肥灌溉系统能够实时采集环境参数和农作物生长参数，能够通过建立专家知识库，基于作物的生长需求提供精确的施肥灌溉决策信息，可为农作物生长及时提供水分和肥料，在提高施肥灌溉效率的同时能够有效地节约水资源和肥料，降低农业生产成本，具有较高的实际使用价值。

司景萍等[5]针对车辆的发动机这一核心部件，为及时有效地发现并排除故障，降低维修费用，减少经济损失，增加发动机工作时的可靠性，避免事故发生，以某型号发动机为研究对象，运用机器学习、小波分析、神经网络和模糊控制理论，提出了基于模糊神经网络的智能故障诊断系统。该系统建立了发动机故障信号采集平台，在试验台上模拟了3种转速下的6种工况，采用加速度传感器采集正常工况和异常工况的振动信号，设计了故障信号的特征值提取算法，采用小波技术进行数据预处理，并完善了模型训练和测试的样本数据集。

在此基础上，采用样本数据训练自适应模糊神经网络，实现了对故障信号的离线模式识别，然后实现了在线故障诊断。仿真结果表明该系统具备较高的故障诊断精度。与传统的基于 BP 神经网络故障诊断方法相比，无论在诊断精度上还是学习速度上，模糊神经网络在故障诊断中都更具有优势。进而在专家系统的基础上，将模糊神经网络与专家系统进行信息融合，设计和实现了数据接口通信，利用模型的自学习能力建立智能故障诊断数据库和诊断规则库，设计出智能诊断系统。通过发动机故障诊断实例仿真分析，验证了基于模糊神经网络的智能故障诊断专家系统的可行性。

本质上，专家系统是一个知识处理系统，是一个获得人类专家知识并运用该知识的过程。一般而言，知识获取、知识表示和知识利用是建立专家系统的三个基本要素。在获取人类专家知识的基础上，完成对这些知识的符号化表示，进而完成推理与决策。专家系统求解问题的过程就是运用知识库中存储的知识模拟人类专家思维的过程，在此基础上进行推理解释，并得出最终的决策。推理过程实质上是对已知的信息与知识库中的规则进行匹配，匹配成功则推理结束，从而得到问题的求解结果。常用的推理机制有正向推理、反向推理和混合推理三种，具体取决于实际问题的类型[6]。目前专家系统在故障诊断、决策判断、识别及预警等方面具有较强的应用潜力，其有效性也得到了较为充分的验证。从现有的文献资料来看，专家系统在农作物病虫害识别及预警方面应用得较少，目前仍处于实验和验证阶段，其核心技术，如推理机、知识库、推理规则等有待进一步的研究和应用。因此，本章在分析专家系统原理和茶叶病虫害防治特点的基础上，基于茶叶病虫害防治中以预防为主的指导思想，探讨了专家系统在茶叶病虫害诊断中的应用，对专家系统的病虫害知识收集和处理、推理模型、信息推荐等进行了研究和分析，提出了相应的设计思路与发展路径。在分析茶叶病虫害特点的基础上，构建了茶叶常见病虫害信息的推荐模型，主动向用户推送病虫害防治信息，实行对病虫害诊治的个性化信息服务，有利于用户及时发现和掌握茶叶病虫害的种类和防治手段。同时，采用产生式规则描述知识，采用基于模糊逻辑的正向推理规则设计茶叶病虫害诊断专家系统，以达到高效防治茶叶病虫害的目的。

9.1 病虫害诊断专家系统原理

茶叶病虫害诊断专家系统通过将植保专家的病虫害防治知识和经验嵌入到

专家系统内，经过知识表达和推理后，由专家系统实现对常见茶叶病虫害的识别和诊断，并提出相应的防治建议。专家系统由知识模块、推理模块、解释模块、人机界面等主要模块组成。基于常见病虫害诊断模型，专家系统能够自动识别和诊断病虫害的类型及其危害程度，提出相应的预警和防治建议，为茶叶病虫害诊断专家系统的实现奠定基础。

茶叶常见病虫害诊断专家系统运用了图像识别及人工智能技术，能够将植保专家的知识、经验与计算机软件结合起来进行病虫害发作的推理和判断，可节省大量的人工成本，如专家的现场观察、分析和实证，防治效果的评价和监测等方面的工作都可以交由系统自动进行，在很大程度上实现了对病虫害的预警和防治自动化和智能化。在降低种植与管理成本的同时，有助于提高病虫害防治效率。从系统结构上来看，知识模块和推理模块组成了茶叶诊断专家系统的核心部分，具体涵盖了知识获取、更新、查询、数据库、解释机、知识诊断等模块。系统中还包含一些其他模块，如知识库管理与处理、诊断推理机、人机界面、领域专家、用户等[6]。结合茶叶常见病虫害识别、诊断、防治等特点，根据各模块的功能，茶叶病虫害诊断专家系统的具体结构如图 9-1 所示。

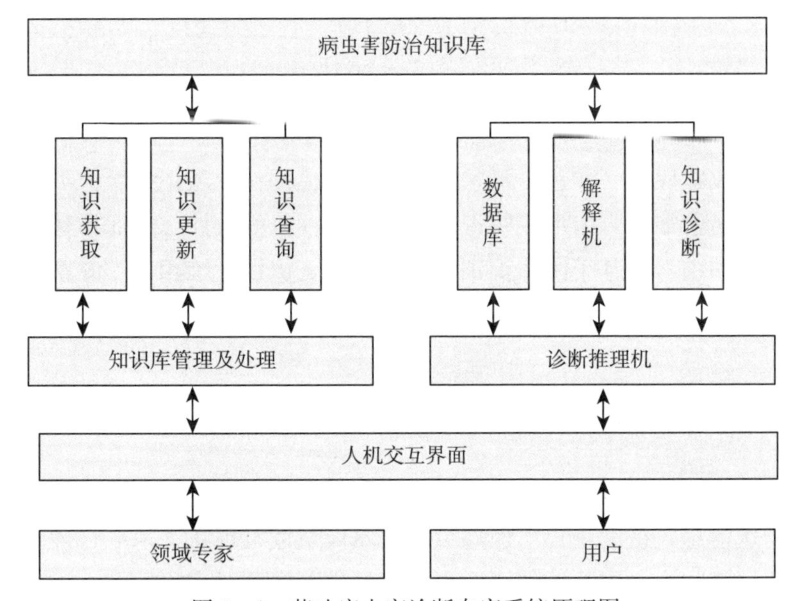

图 9-1　茶叶病虫害诊断专家系统原理图

（1）人机交互界面。用户、植保工程师与专家系统之间的人机接口，实现交互操作与信息交流。

（2）知识库管理及处理模块。主要包含专家知识的获取、更新、存储及查询等模块，该模块能够给系统提供一个自动获取病虫害防治相关知识的方法，可以存储和更新植保专家的知识和经验，并提供知识查询、管理、处理等功能。

（3）诊断推理机。该模块包含数据库、解释机、知识诊断等部分，是专家系统的核心部分，能够利用规则对病虫害的知识（如症状、病虫害特点等）进行推理和决策。利用专家系统中的所有数据，能够向用户解释做出某个判断的推理过程，给出知识诊断结论和病虫害防治建议，并及时反馈给用户。

基于上述分析，病虫害诊断专家系统的模块结构如图 9-2 所示。

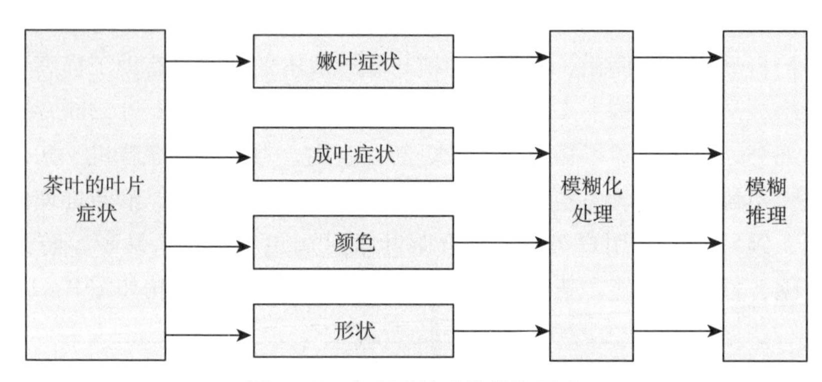

图 9-2　专家系统功能模块示意

从图 9-2 可以看出，专家系统主要从分析茶叶的叶片症状入手，构建以嫩叶症状、成叶症状、颜色、形状等为基础的模糊化处理，结合人类专家的病虫害识别与防治知识，以形成知识库，完成推理机的设计，进而构建基于模糊推理的专家系统。与基于图片识别算法的病虫害识别系统相比，专家系统在识别的效率及灵活性方面具有一定的优势。

9.2　病虫害信息推荐

病虫害信息推荐首先应建立个性化服务推荐模型，即根据用户的类型有针对性地传送信息，帮助用户掌握病虫害的发展及危害现状，采取合理的措施实施病虫害精准防控。因此，建立病虫害信息推荐模型对实现病虫害诊断专家系统具有重要意义。构建个性化服务推荐模型的首要任务是建立用户兴趣模型，而建立用户兴趣模型首先要获取用户兴趣即个性化信息。用户的个性化信息一般包括显式信息和隐式信息，这两类信息在分析和统计用户行为的基础上获得，经统一编码和规范后存储于数据库供系统调用。在茶叶病虫害诊断专家系统中，显式信息包括各种病虫害的发生及流行时间及相应的症状，隐式信息是用户注册时提交的茶叶生产时间范围、用户浏览病害信息、用户诊断病害信息等。信息推荐模型使用相应的推荐算法，针对用户需要实现对显式信息和隐式信息的处理，生成满足要求的信息推送给用户。

9.2.1 信息推荐模型

为正确地识别和诊断茶叶的各类病虫害，提高专家系统的可用性，利用已收集的茶叶常见病虫害样本数据，对病虫害进行编码和标注。虫害编码采用 4 位数据进行编码，幼虫期的虫害以 P 开头，成虫期、养成期虫害以 M 开头，后接 2 位数字编码表示病虫害的相对顺序。病害编码采用 4 位编码，初期性状以 A 编码，后期以 B 开头进行编码。此外，对每种病虫害按照编码、名称、成长时期、流行月份、分布区域、危害程度、详细症状、防治策略等几类信息进行排列。其中，详细症状包括病原种类、症状表现、流行信息、诊断和防治方法等，分布区域指该病虫害主要危害的区域，危害程度指的是病虫害对茶树的茎、根、叶、枝等的危害级别，分为较轻、一般、严重等三个等级。

茶叶常见虫害信息包含害虫的形状特征、发育特征、危害特征及图像纹理信息等（图 9－3），将这些信息进行表述后，系统根据虫害的上述特征和症状，对虫害的发展和危害情况进行分析并形成最终的推荐信息，供用户进行决

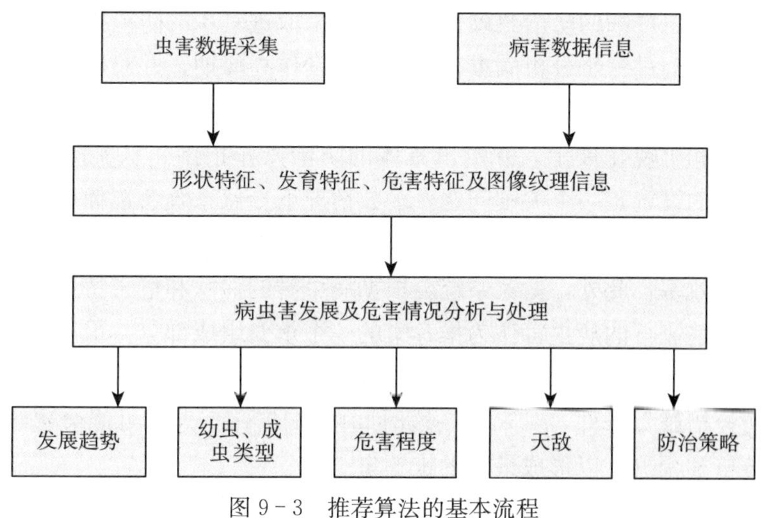

图 9－3 推荐算法的基本流程

策。推荐的信息分为幼虫、成虫、危害、天敌、防治方法等几部分。系统同时对该类虫害的流行时间、危害程度、未来几个月内的发展趋势等进行分析和评估，以协助用户掌握虫害的发展现状并采取科学的防治手段。为了使系统能够更好地进行信息推送，将幼、成虫的虫害危害程度设置为 3 种等级，最严重设置为 3，一般设置为 2，较轻设置为 1。此外，针对病害，根据茶叶叶片受损的外观特点，结合天气、土壤及茶叶整体表症，专家系统可对病害进行判断和识别，并生成推荐信息。该推荐信息包含病害的名称、发展规律，危害表症、防治手段等方面的详细信息，其严重程度也设为 3 级，分别为严重、一般和较轻，设置方法与虫害一致。

9.2.2 信息推荐算法

茶叶病虫害诊断专家系统中，输入信息中包含了地域、用户类型、病虫害症状、生态、土壤、气象、气候等各方面的数据，各类数据经过了规范化与预处理，经过编码后输至专家系统。系统输出信息包含了病虫害种类、发展趋势、危害评估及相关的防治手段推荐。经专家系统的处理与判断后，根据用户的类型及病虫害的具体分类，由信息推荐算法进一步生成推荐信息。大多数情况下，专家系统在进行推荐运算时，首先会依据用户注册信息和茶叶病虫害症状、生态、土壤、地域等各方面的数据，获取病虫害相关信息，如发病的症状、时间、地点、病虫害所处的地域及危害程度，再对病虫害信息进行处理和识别，判断病虫害的具体类型及危害现状，预测病虫害的发作规律、趋势和危害范围，并给出详细的防治建议，指导用户采取进一步的防范措施。在此基础上，专家系统会进一步分析病虫害是否处于发作高峰期，并对病虫害当前处于哪一个发育期进行研判，进而针对病虫害种类、发育特点、危害范围、发展趋势进行分析和可视化展示，并给出具体的防治操作指南。从实际防治过程来看，推荐集的设置是一个关键问题，多数情况下专家系统会选择病虫害种类及其分布置信度最高的结果作为推荐集，以保证推荐信息的可靠性，提高专家系统的精度与效率。此外，专家系统会根据病虫害的症状和危害特点，结合时间和地点将当前流行的病虫害作为推荐集的一个重要组成部分。最后，专家系统会根据当前及前一段时间内病虫害的发育及危害状况，结合气候、土壤、生态环境、防控措施等条件，对未来一段时间内（10～15 天）可能会出现的病虫害进行分析和预测，以形成最终的推荐集[9]。

总体上，病虫害信息推荐算法的原理如图 9－4 所示。

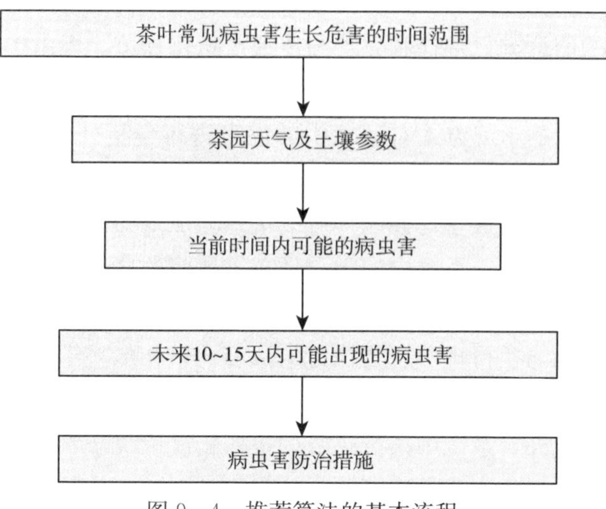

图9-4 推荐算法的基本流程

值得指出的是，茶叶病虫害诊断专家系统中推荐算法的核心在于根据当前的相关信息，如病虫害危害的时间、程度、气候、土壤等状态，给出茶园可能的病虫害类型和严重程度，并评估其发育趋势，预测其发作时间，对相应的防治措施进行推荐，体现出“以预防为主”的病虫害防控思路。因此，构建以病虫害表症、地域生态环境、时间周期为变量的病虫害识别与预测模型，并将其应用至推荐算法，是当前茶叶病虫害诊断专家系统设计中的一个重要问题。

9.3 病虫害诊断模型

9.3.1 知识库的构建

知识库是专家系统正常工作的基础，知识库的完备程度对设计病虫害诊断模型具有重要意义，在专家系统中处于核心地位。在知识库的构建过程中，首先需要定义学习环境，使之既能够表示系统工作对象，也能够代表其所处的外界条件。在茶叶病虫害诊断专家系统中，环境表示被监测和诊断的对象，如茶园生态环境、土壤、病虫害危害症状等各类信息，由现场传感器采集后经过处理加工后得出的各种能反映茶叶是否受病虫害影响的特征参数[7][8]，如茶树的叶部图片、病虫害类型、茶树长势等。其次，需要设计知识库的数据标准及相应的分析与识别算法，为下一步的模型训练与学习提供数据支撑。

针对茶叶病虫害诊断专家系统，基于知识库的学习环节本质上是一个模型训练的过程，可以在学习环境与执行环节中起到一个沟通调节的作用，能够将学习环境提供的信息进行解释和完善并传递至执行环节。但由于环境提供的信息类型复杂、含义多样，使得系统的执行环节在执行时存在一定的难度，需要学习环节采用不同的学习方式对环境中的信息进行分析处理。大多数情况下，可以采用类比学习和举例学习两种方式来完成学习环节。从实践效果来看，这两种方式都具有较高的效率与性能，可以快速完成对知识的处理。举例学习环境提供的信息非常具体，系统中的学习环节需要将这些信息总结归纳出一般的规律，本质上是属于一种特殊到一般的学习过程。在实际应用环境下，类比学习环境提供的信息与执行环节所要执行的内容比较相似，学习环节能够根据这些已有的信息获得类似的判断规则，本质上是对一类特殊的信息进行转换类比的学习过程[8]。此外，系统中执行环节的操作精度取决于学习环节的结果，执行环节的结果也会反作用于学习环节，使学习环节不断地改进和完善自己。在病虫害诊断专家系统中，在处理病虫害识别过程时需要比较多的病虫害防治知识，并针对不同的知识需要制定不同的规则，会导致知识库中的内容较多，增加学习的难度。同时，新的规则也要求能不断地更新和迭代，因此在学习环节就需要考虑到规则的更新迭代对于执行环节的影响。在对病虫害防治诊断的效果进行评估的过程中，当执行环节的执行效果比较差时会反馈给学习环节，让其改变原有的规则，以生成一个更完善的新规则，当执行环节的执行效果比较好的时候，也会反馈给学习环节[9]。

知识库是专家系统的核心部分，如何将病虫害防治的相关知识进行表示并存储到数据库中就显得尤为关键。专家系统本质上是以知识处理为核心的系统，知识表示的准确与否对专家系统的工作效率和性能具有极大的影响。因此，在茶叶病虫害诊断专家系统中，首先要选择合适的知识表示方法，对收集到的人类专家知识进行合理的处理，才能保证专家系统能更好地对病虫害进行诊断。从专家系统的工作效果来看，知识表示方法要满足可扩充性与灵活性的统一，即病虫害诊断专家系统需要较强的灵活性和适应性，以方便对知识库中的数据和规则进行动态地存取和修改，保证知识库的有效性和鲁棒性。本质上，知识库可以被视为一个病虫害防治知识的容器，要求专家系统能够不断地增添病虫害相关的新知识到知识库中，并更新一些过时的或不符合实际情况的旧知识，以增强专家系统的可靠性，提高专家系统的工作效率。从专家系统工作流程来看，其知识库能够采用举例学习、类比学习、强化学习等手段，快速将知识存储起来加以管理。此外，如果要增强专家系统工作效率，仅仅是知识库具有扩充性还是不够的，应当实现只要有知识进行存储和更新时，就能准确地进行推理与表达，使专家系统可以快速判断是否有必要对该知识进行更新，以便对其做快速的扩充和修改。其次，知识存储过程中，病虫害防治知识表示的方式应为数据表和规则，以方便专家系统的推理和诊断[10]。

综合上述考虑，设计知识库中的表结构如表 9－1 所示：

表 9－1　知识库中的表结构

规则表	长度（B）	类型
规则条件	64	字符串
规则描述	128	字符串
结论条件	128	字符串
结论描述	128	字符串
病虫害类型	128	字符串
危害描述	128	字符串
防治措施	128	字符串

根据上述表中的知识库要求，可以实现对已有的专家知识进行总结和描述，其代表性的专家知识描述如表 9－2 所示。

表 9－2　典型的病虫害描述

序号	初期	中期	后期	输出
1	透明病斑	病斑逐渐凹陷	颜色变白	茶饼病
2	头状的褐色小点	形成病斑	病斑会互相融合	茶白星病
3	黄绿色的小斑点	大型病斑	中央变成灰白色	茶轮斑病
4	黄褐色病斑	黑褐色病斑	圆形病斑，黄褐色至灰色	茶云纹叶枯病
5	叶尖、叶缘水渍状黄褐色小点	由褐色变为焦黄色	灰白色	茶炭疽病
6	体长 0.8～0.9 毫米	体长 2～3 毫米，淡绿色至黄绿色	体长 3～4 毫米，淡绿色至黄绿色	茶小绿叶蝉
7	长 1.5 毫米，体圆筒形，头部褐色	体长 4～6 毫米，黑褐色	体长 4～6 毫米，黑茂茶褐色	茶尺蠖

因此，在专家系统中建立模糊规则时，可以根据表 9－2 进行规则的生成

和核验，以保证推理模型的合理性与准确性。此外在进行规则的更新与完善时，可以参考表9-2中的数据进行规则校正。随着人类知识的增加和变化，规则库可以进行动态的调整和优化，规则的数量也会逐渐增加。

在此基础上，将茶叶病虫害知识集以表9-3中的形式进行组织和编码，转化为符号参数后，将其输入到专家系统的推理模型中进行运算，可对病虫害的类型进行判断。考虑到推理的准确性与便利性，可以采用模糊推理进行运算。模糊推理基于模糊数学，在基于人类专家知识的基础上对现有的规则进行学习，依据病虫害的形态，可以对茶叶病虫害种类进行判断，进而给出对应病虫害的防治建议，以指导用户对病虫害进行识别和治理。

表9-3 病虫害数据信息

编号	参数1	参数2	参数3	参数4	病虫害类型
1	NS	NB	PS	PB	P1
2	NS	NM	PB	PZ	P2
3	NS	NB	PS	PB	P4
4	NZ	NB	PZ	PB	P1
5	NB	NS	PM	PS	P3
6	NB	NZ	PB	PM	P2
7	NB	NB	PM	PB	P1

其中NS代表中负小，NB代表负大，PB代表正大，PS代表正小，PM代表正中，NZ代表负中。从模糊推理的角度来看，表9-3中的每一行代表一个推理规则，模糊推理机在进行学习后，能够根据新的参数得出病虫害类型。因此，如何构建高效的推理机模型，决定了病虫害识别的精度与效率。

9.3.2 推理机模型

本质上，推理机是茶叶病虫害诊断专家系统依据知识库中存储的知识和已有的推理规则对病虫害的种类和成长阶段进行判断和推理，进而获取病虫害的种类、危害程度、危害范围、发展趋势及防治手段等信息的过程。推理模块作为专家系统最为关键的部分，在执行病虫害识别、定位和防治过程中发挥着非常关键的作用。模型的精度与效率决定了如何使用知识库中的知识规则，如何保持与用户有效的互动。换言之，其在病虫害诊断中发挥了核心作用，直接决定了诊断系统的性能与应用价值大小。

从实现原理的角度来看，推理机是以采集到的规范化人类专家知识为起点，朝着结论的方向进行推理，把正确的结论（即病虫害的类型）作为终点的推理方法。推理可分为正向推理与反向推理。正向推理是从已知事实出发，从已知的规则库中匹配一条可适用的规则进行推理，并将推理后得到的结论加入事实库进行处理与优化，该过程可以递归进行，一直到获得最终的结论为止。反向推理是根据专家的经验预设一个目标，然后根据规则库寻找出该目标的证据，如果这些证据能够在规则库中搜索到，则说明这个预设的目标是成立的，如相关的证据不能准确地被搜索到，说明原假设的目标是不合理的，需要对该目标进行调整。大多数据情况下，茶叶病虫害诊断专家系统采用的是正向推理的方法，即通过正向推理，针对用户输入的图片、文字等信息，并结合病虫害图像采集系统中的数据，进行规则匹配操作。为便于提高效率，降低运算复杂度，在实际运行中采用了宽度优先方法，该方法能有效地提高搜索的并行度，以尽可能多地获得可能的病虫害确诊结论。该方法先将采集到的茶叶病虫害图像进行分析和处理，转换为计算机能够理解和处理的语言和规则，并与茶叶病虫害诊断专家系统规则表中的规则进行匹配操作，如果能够成功地完成匹配操作，则会把对应的结论作为推理过程的中间结果，然后再与知识规则表进行后续的匹配操作。此外，对于无法判断具体病虫害和输入的图像、文字等信息能否完全匹配的情况，则集合多个规则进行提示并进一步完成诊断[10]。

从推理机制来看，如果根据采集到的数据及用户输入信息无法诊断具体的病虫害类型，则会自动调整匹配过程中的阈值，并进一步提示用户输入更多的数据，对病虫害的危害进行更加详细的描述，或细化病虫害的症状，以方便进行后续的判断，提高运算的精度。在实际操作过程中，用户可以灵活输入并修改具体病虫害的症状，结合数据采集系统的数据，由推理机进行后续的处理与诊断。若系统采集的病虫害数据和用户的输入数据可以完全匹配多个精确规则，则把这些精确规则涉及的其他症状及相关信息进行显示，并推荐给用户，为用户采取后续的病虫害防治措施提供决策依据。

茶叶病虫害诊断专家系统具体的推理流程如图 9－5 所示。

推理机在工作过程中，最关键的是逻辑推理模块，其基本原理是采用了模糊逻辑推理方法，该方法运算效率高，推理结果准确，实现也较为简单，本质上是基于现有的规则库对结果进行运算。值得指出的是，当前的规则库是基于茶产业中的人类植保专家经验知识进行构建，以 if… then… 的形式建立专家知识库，在此基础上实现对专家知识的归纳和推理。

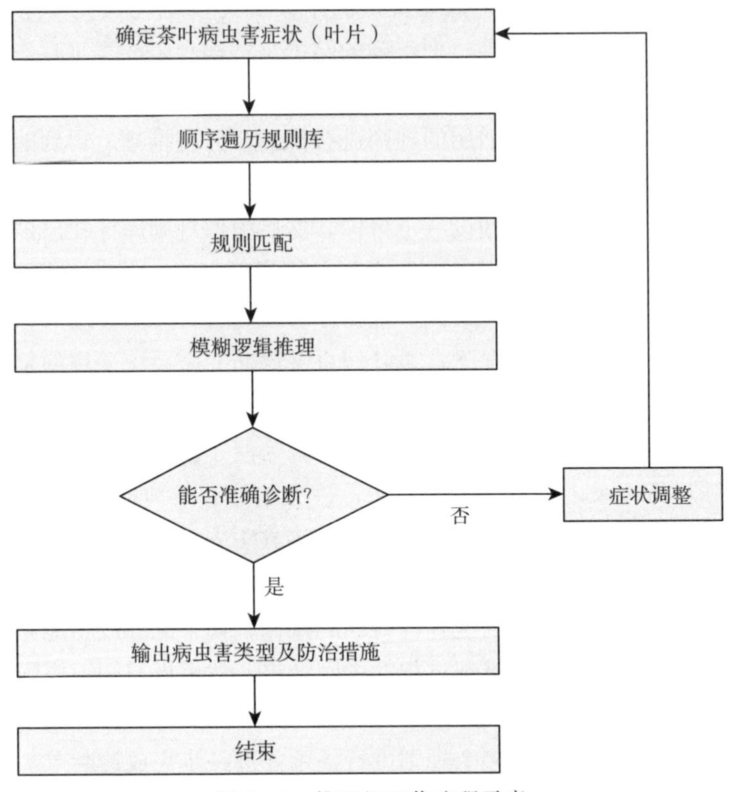

图 9-5　推理机工作流程示意

此外，由于存在规则前提和规则结论的对照性，在设计茶叶病虫害诊断专家系统时，某些情况下输入一条前提可能会同时触发多条规则条件，从而获得许多输出结果不一致的结论，因此专家系统需要通过对模糊规则适用度进行分析，运用删除多余与合并相似两种方法对设计的模糊规则进行一定程度的优化，以提高推理的准确性，最终能够选择最合适的结论来完成诊断。实践中，在茶叶病虫害诊断专家系统设计过程中已在规则库中存储了上千条规则，若不采取规则适用选择，很可能会导致推理效率下降，推理效果不理想，难以满足实际的病虫害判别与防治需要。因此，茶叶病虫害诊断专家系统中主要运用了以下规则适用选择方法。

首先，将神经网络的输入量设定为 m 个，各个输入量的模糊分割数相乘后即可作为模糊规则数。

规则设计时，采用式（9-1）来判断多余规则与相似规则[11][12]。

$$\alpha_j^{\max} = \max \prod_{i=1}^{n} \delta_i^{j_{\max}} < \eta \tag{9-1}$$

式中的 $\alpha_j^{\max}$ 为最大适应度，$\delta_i^{j_{\max}}$ 表示第 i 个输入参数的第 $j_{\max}$ 个语言变量值。相应地，η 为阈值，根据实际经验进行设置。

为提高规则的合理性，消除多余的规则，采用式（9-2）对两条规则的相似程度进行判断。

$$\mathrm{E}(R_K, R_L) = E_C(b_k, b_L) E_c(A_k, A_l) > \gamma \tag{9-2}$$

其相似的程度采用 E（R_K，R_L）来表示，本质上是根据规则的前提与结论的相似匹配程度进行判断。

相应地，模糊规则前件与后件的相似度可以使用式（9-3）进行运算。

$$\mathrm{E}(A_1, A_2) = \frac{M(A_1 \cap A_2)}{M(A_1 \cup A_2)} \tag{9-3}$$

在上述分析的基础上，可以构建专家系统的输出解释信息，结合可视化技术，能够让用户对诊断结果有一个清晰的认识和了解。解释程序是专家系统中一个极其关键的组成部分，其输出结果有利于系统设计人员及时调整和优化知识库中的规则，并且有助于分析和判断推理模块中存在的方法策略问题。对于系统设计人员来说，设计与优化解释系统，有助于调试及优化专家系统中各模块的功能，特别是进一步提高推理模型的精度与效率。本质上，在茶叶病虫害诊断专家系统中，以专家知识库的分析与处理为基础，能够将分析过程与结果关联到知识库中的信息，实现对分析过程及结果的合理解释[13][14]。

其次，为保证能将推理机模型的运算结果进行正确的展示，应在专家系统的用户界面设计中，促进专家系统和操作者之间进行友好交互，采用合理的可视化技术完成结果的推送与显示，同时在专家系统中设置知识修改、知识和规则审核、病虫害诊断结果可视化等功能模块，能够采用可视化技术实现知识和规则信息输入，进行病虫害知识库的修改和调整。系统在实时监控关键参数变化的同时，输入茶叶老叶、嫩叶的表面状况，通过专家系统的分析和推理后再输出相应的病虫害类型及防治建议，以提高茶叶病虫害防治的实时性和针对性。

9.4 茶叶病虫害诊断专家系统的设计与开发

从专家系统的结构来看，知识库与推理机模型是茶叶病虫害诊断专家系统的关键部分，此外也包含了人机界面及数据采集等部分。从系统开发流程开看，具体的需求分析如图 9-6 所示。

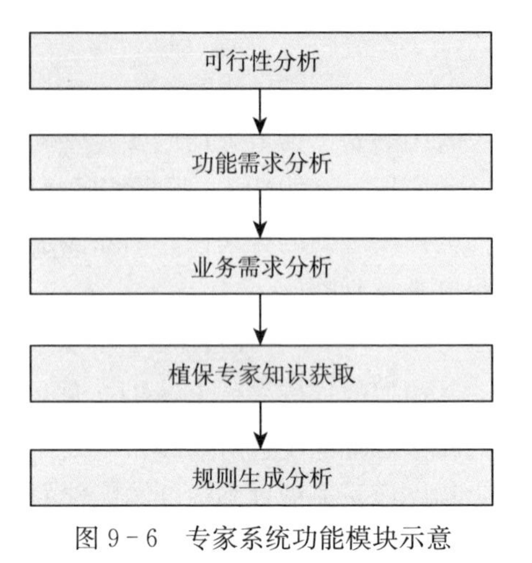

图 9-6　专家系统功能模块示意

本质上，茶叶病虫害诊断专家系统要满足用户对病虫害的识别、防治措施推荐、效果评估等功能，其核心需求在于病虫害数据的及时收集与类型的准确判断，以保证茶园的管理水平，提高茶叶品质。

基于上述功能，茶叶病虫害诊断专家系统的架构如图 9-7 所示。

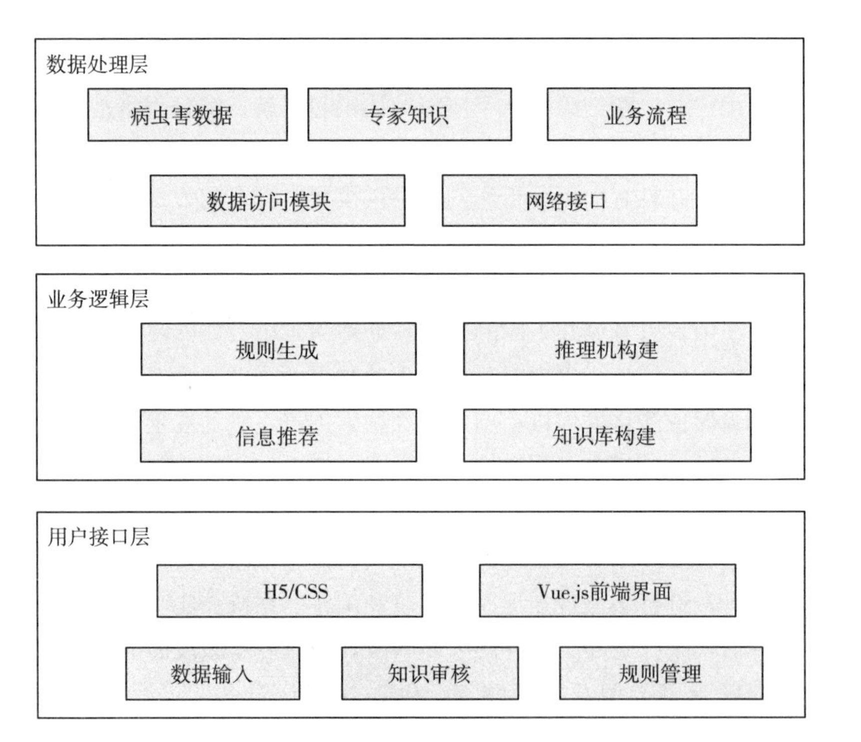

图 9-7　茶叶病虫害诊断专家系统架构示意

茶叶病虫害诊断专家系统由数据处理层、业务逻辑层、用户接口层等 3 部分构成。其中数据处理层包含了病虫害数据的识别算法、专家知识的规则化和业务处理的流程化等模块，使用通信网络及数据访问模块与大数据平台和业务逻辑层进行通信及数据共享。业务逻辑层实现了专家系统的核心模块，主要是推理机和知识库，使专家系统具备了推理与识别功能。用户接口层完成数据输入、知识审核和规则管理功能，同时采用了前端技术（主要为 H5，CSS 与 Javascript 语言）实现了专家系统的前端页面，具体包含了信息查询、统计结果及可视化分析展示等综合信息服务等功能。

9.5 实验结果及分析

在上述讨论的基础上设计了一个茶叶病虫害诊断专家系统。使用数据采集系统从茶园采集典型茶叶病虫害（共 8 类）的图像数据，经过预处理和图像增强后得到病虫害数据集，并存入茶叶病虫害防治大数据平台。该平台中的各类病虫害图像数据是采集各地（主要是贵州地区茶园）的茶叶常见病虫害数字图片（主要为 JPG 或 JPEG 格式）。本次实验选用了经处理后的 8 类典型病虫害，共 1 500 余张图片，分辨率为 340×340。为便于专家系统处理，将这些图片分为以下几类，基本涵盖了常见的茶叶病虫害。

表 9-4 茶叶常见病虫害信息

名称	分辨率	格式	数量
茶白星病	340×340	jpg	300
茶炭疽病	340×340	jpg	260
茶煤病	340×340	jpg	450
茶网饼病	340×340	jpg	120
茶圆赤星病	340×340	jpg	150
茶绿小蛾	340×340	jpg	100
茶尺蠖	340×340	jpg	150
茶橙瘿螨	340×340	jpg	100

具体涵盖以下几类：①茶百星病，样本总数量 300 张；②茶尺蠖，样本总数量 150 张；③茶炭疽病，样本总数量 260 张；④茶网饼病，样本总数量 120 张；⑤茶圆赤星病，样本总数量 150 张；⑥茶煤病，样本总数量 450 张；⑦茶绿小蛾，样本总数量 120 张；⑧茶橙瘿螨，样本总数量 100 张。

上述各类茶叶病虫害图片都为 JPEG 格式并进行了标注，是从各个茶园基地现场采集而得，真实性和针对性较强，标注后的图片属于上述中的某一类，代表性图像如附录彩图五所示。

对于各类茶叶病虫害的防治，在专家系统中，其推荐信息中突出了以下内容：首先，实施“预防为主，综合防治”的策略，从预防着手，主动推荐生态控制、物理诱控、生物防治和科学用药等绿色防治技术，以减少化学农药的使用，减少环境污染，保障茶叶质量安全，促进生态环境的保护，实现茶产业的可持续发展。

其次，在推荐信息中强调茶园科学管理措施，注意茶园的沟渠清理与排水系统的完善，有意识地增加施磷、钾肥和有机肥，避免偏施氮肥，避免造成土壤的板结和肥力下滑，影响茶园的可持续生产能力。此外，在茶园虫害的防治中，强化绿色防控手段，积极种植防病害新品种，有效利用害虫天敌，利用成虫的趋光性，使用频振式杀虫灯在发蛾期诱杀成虫。

表 9-5　专家系统的效能统计

序号	病虫害类别	时间段（月份）	判别准确率（%）	防治效果
1	茶尺蠖	2～5	82.9	较好
2	茶饼病	3—4	90.5	较好
3	茶轮斑	5—8	91.2	好
4	茶煤病	11—12	84.6	好
5	茶炭疽病	4—5	88.0	好
6	茶白星病	6—8	85.2	较好
7	茶小绿叶蝉	10—11	92.0	好
8	黑刺粉虱	4—6	91.3	较好
9	茶橙瘿螨	2—4	89.4	较好

表 9-5 为专家系统的效能统计。从专家系统的性能来看，针对茶叶常见病虫害的识别准确率均超过了 82%，相比现有的专家系统，已达到了一个较高的水平。从具体病虫害防治的效果来看，对各类病虫害的防治效果较好，达到了预期水平，具有一定的实用价值。

9.6　本章小结

本章针对茶叶病虫害的防治问题，探讨了专家系统在茶叶病虫害诊治中的构建问题。分析了专家系统原理与设计方法，提出将植保专家的病虫害防治知识和经验嵌入到专家系统内的基本思路。经过知识库的构建和推理后，由专家系统实现对常见茶叶病虫害的识别和诊断，并进行相应的茶叶病虫害防治推荐建议。重点对专家系统知识获取、知识库及推理模块、解释模块、UI设计要求等内容进行了讨论，对构建基于专家系统的茶叶常见病虫害诊断模型的流程与方法进行了分析，并针对病虫害的自动识别、诊断及可视化显示等问题，提出了相应的设计思路和实现手段，为茶叶病虫害诊断专家系统的设计与实现奠定了一定的基础。同时，构建了一个专家系统原型，并在实验中对其有效性进行了初步的验证。从大量的实践经验来看，专家系统在茶叶病虫害防治中仍存在以下问题：①病虫害受到地形、气候、茶叶品种、周边环境、管理水平等复杂因素的影响，专家系统很难获得通用的专家知识，导致病虫害识别精度难以满足用户要求，难以让推荐信息价值最大化。②在设计推理机时，目前较为有效的方法是利用模糊推理，但在茶园现场监测较为困难，分辨率较高的病虫害图片难以实时采集的条件下，专家系统的作用难以得到有效发挥。因此，下一步应从加强茶叶病虫害图片的实时采集、优化知识库和推理模型入手，进一步提高病虫害诊断专家系统的精度。

参 考 文 献

[1] 杨妮娜，黄大野，万鹏，等．茶树主要害虫研究进展［J］．安徽农业科学，2019，47（22）：1-3.

[2] 王圆．智慧茶园专家系统的设计与实现［D］．曲阜：曲阜师范大学，2019.

[3] 高宏伟，周艳秋，满都呼，等．基于MapGIS和植被数量指标的啮齿动物群落模拟专家系统的设计与实现［J］．中国草地学报，2022，44（1）：87-95.

[4] 徐恒玉．基于专家知识库的智能施肥灌溉决策系统设计［J］．实体机化研究，2022，3：133-138.

[5] 司景萍，马继昌，牛家骅，等．基于模糊神经网络的智能故障诊断专家系统［J］．振动与冲击，2017，36（4）：165-172.

[6] You J，Lee J. Offline mobile diagnosis system for citrus pests and diseases using deep compression neural network［J］．IET Computer Vision，2020，14（6）：370-377.

[7] 孙昂．航空发动机故障诊断专家系统的研究与实现［D］．大连：大连理工大学，2021.

[8] 孟显海．电动汽车充电过程故障智能诊断专家系统研究［D］．南京：南京邮电大学，2021.

[9] 杜盼，孙道宗，李震，等．基于故障树分析法的柑橘病虫害诊断专家系统［J]．华南农业大学学报．2022，43（4)：106－112.

[10] Ahmed F，Fatema T J，Chakma R J，et al.，A Combined Belief Rule based Expert System to Predict Coronary Artery Disease［C］//Institute of Electrical and Electronics Engineers. 2020：252－257.

[11] 谭目来，丁达理，谢磊，等．基于模糊专家系统与 IDE 算法的 UCAV 逃逸机动决策［J]．系统工程与电子技术，2022，44（6)：1985－1994.

[12] Meng B，Li Z，Wang H，et al.，An improved wavelet adaptive logarithmic threshold denoising method for analysing pressure signals in a transonic compressor［J]．Proceedings of the Institution of Mechanical Engineers，Part C：Journal of Mechanical Engineering Science，2015，229（11)：2023－2030.

[13] 沈若川，丁文成，高强，等．基于养分专家系统推荐施肥的北方马铃薯适宜氮肥用量研究［J]．植物营养与肥料学报，2022，28（5)：880－893.

[14] 许琦，秦庭荣，马国梁．液货船综合安全评估专家系统模型［J]．上海海事大学学报，2021，42（2)：65－70.

第10章 茶叶病虫害识别与防治技术发展趋势

中国是茶叶的原产地，同时也是世界上主要的茶叶生产国，茶叶作为我国重要的经济作物之一，其品质与产量都常年处于世界前列，在世界上具有非常重要的地位。茶叶种植过程中，随着生态环境的不断恶化，病虫害对茶叶的产量及质量的影响不断加深，是造成茶叶质量和产量下降的主要因素。近年来，全球气候、栽培方式及管理模式的变化，全国各大产茶区的病虫害种类逐渐增加，危害程度持续加重，危害范围也呈扩大趋势，茶叶病虫害已成为阻碍茶产业健康发展的关键因素。据统计，常见的茶叶病虫害有30余种，这类病虫害多是损害和啃食茶树嫩叶和老叶，害虫多以成虫或幼虫在叶片上吐丝、卷叶，啃食叶肉为害，使得茶树叶片只剩下一层表皮，严重时会造成茶树叶片焦黄和枯褐，芽梢及植株生长受到抑制[1]。如鞘翅目害虫主要以成虫啃食茶树叶片和嫩梢，幼虫钻蛀土壤危害茶树生长和发育，其幼虫经常栖息在叶片边缘部位，不断取食嫩叶的边缘，严重时能够将叶片吃光，不仅影响茶树的长势，还导致茶叶产量及品质显著下降，造成较大的经济损失[1][2]。

因此，强化茶叶病虫害防治体系建设，不仅能降低病虫害对茶叶品质与产量的危害，减少或避免病虫害造成的损失，也是增加茶农收入，实施乡村振兴的一项重要措施。随着农业信息化和人工智能技术的发展，采用物联网、人工智能及大数据技术构建茶叶病虫害监测与防治体系，成为茶产业的一个重要发展趋势。当前在茶叶种植和加工过程中积累的数据能够在病虫害防治体系建设过程中发挥重要作用，已经成为智慧茶园的关键技术和推进病虫害科学防治的重要因素。实践证明，充分利用茶叶大数据的数量大、多态性、时效性特点，结合农业物联网和人工智能技术，可以实现对茶叶病虫害的精确监测与识别，有利于选择和实施科学的防治措施。值得注意的是，茶叶大数据具有数据类型多样、病虫害种类多、生长发育周期长、采集难度大、数据处理难等问题，严重制约了茶叶大数据平台的构建及病虫害的早期识别。如何构建和完善针对茶叶病虫害防治的大数据平台，设计和开发更多的基于人工智能技术的茶叶病虫害识别技术，是茶叶病虫害防治的主要发展趋势和应用重点。同时，为茶叶病虫害的监测、识别、诊断、预警发布提供支撑，深入开展跨区域、跨领域的茶叶大数据深度融合研究，为茶叶病虫害监测和识别提供数据和技术支持，增强病虫害实时监测、识别与防治能力，一直是茶叶病虫害防治体系建设中的一个难点问题[3][4]。此外，为进一步充分发挥农业物联网、大数据及人工智能技术在病虫害防治与监测中的决定性作用，应积极构建和完善覆盖不同茶区的茶叶常见病虫害数据集，对提升茶叶病虫害识别模型的精度，提高病虫害识别率，降低茶叶生产管理成本也具有很强的现实意义。

10.1 茶叶病虫害防治大数据平台

随着大数据技术的发展，农业大数据已成为现代农业发展的重要资源要素。运用大数据技术能够有效提高农业生产精准化、智能化水平，推进农业资源利用和管理方式的转变。强化互联网、大数据、人工智能和农业的深度融合，加快种植、养殖及农产品加工的数字化、网络化、智能化，推动农作物病虫害防控体系建设已成为智慧农业的建设重点。在此背景下，采用大数据技术提高病虫害监测预警能力，是构建茶叶病虫害智能化防治体系的关键一环。建设茶叶病虫害防治大数据平台是构建茶叶智能化生产、加工及智慧化管理的基础，能够为构建基于农业物联网的病虫害实时监测系统，建立病虫害数据收集、预处理、存储、分析及挖掘体系提供技术支撑。从茶叶病虫害产生的规律来看，近年来已处于病虫害高发期，主要是气象因素变化、耕种方式不适宜、病虫害抗耐药性增长等因素导致的，这对茶叶病虫害的识别与防治提出了更高的要求。本质上，建立病虫害防治大数据平台是茶叶病虫害防治工作所面临的一个长期任务，是进一步构建智慧茶园的基础[5][6]，对提高病虫害防治效率，降低茶叶生产成本具有重要意义。

由于技术、观念等方面的原因，目前并没有完整的茶叶病虫害防治大数据平台。一些地方建立了初步的茶叶病虫害监测预警系统，但覆盖面积小，数据采集针对性不强，数据挖掘与分析能力不够，且病虫害数据的收集及上报缺乏统一标准，处理和大数据分析与挖掘水平不高，相关的病虫害监测与识别结果难以实现数据共享。从茶叶病虫害防治大数据平台构建的角度来看，应加快实现茶叶病虫害数据采集的实时化、分析的可视化、监测的数字化、预测的智能化，进一步提升病虫害防治的智能化与自动化水平。特别重要的是，通过对早期病虫害的精准监测和识别，使茶叶管理者可以有针对性、有计划地采取科学的病虫害防治措施，有效降低病虫害的损失。此外，传统的茶叶病虫害检测与预警存在依赖人工、实时性差、效率低和精度不高等方面的问题，无法满足对病虫害监测与预警的实时性和准确性方面的需求。因此，急需构建一个自动、高效和准确的茶叶病虫害监测与防治大数据平台，对提升茶产业的竞争力具有重要的现实意义。

利用物联网、大数据、云计算、人工智能等新一代信息技术，加强基于物联网的数据采集及传输系统建设，搭建茶叶病虫害防治大数据平台，实现对病虫害及生态数据的深入分析和挖掘，形成以茶叶大数据为核心驱动要素的病虫害监测与防治体系，是茶叶大数据的主要目标之一。目前针对茶产业的主要任务是初步构建数字化茶园，制定数据茶产业关键环节的数据采集标准，运用大数据分析、图像处理和人工智能等现代信息技术，加快对茶产业进行茶园现场数据监测、病虫害分析等全方位、全角度、全链条的数字化改造，服务茶产业中的农户、农场、植保技术人员，以茶叶大数据作为生产管理的基础，助力智慧茶园建设，推动茶产业高质量发展[7]。下一步应推动针对茶叶病虫害防治的茶叶大数据建设，有效消除数据采集方法易受到现场环境和人为的管理、生产等多重因素的不利影响，提高病虫害数据分析人员的素质，降低管理成本，提高信息化水平。同时，考虑到茶叶病虫害存在多样性、变异性及不易观察等特点，在茶叶病虫害防治大数据建设过程构建完善的农业物联网系统，实时采集茶叶病虫害数据和生态环境、土壤等数据，强化病虫害监测与识别水平，提高大数据分析能力，减少数据冗余和数据垃圾，有效挖掘数据的价值，提高数据分析应用能力，是目前茶叶病虫害防治大数据平台建设的重点内容。

从病虫害防治效率及数据平台的技术架构来看，茶叶病虫害防治大数据平台应具备如图 10－1 所示的体系结构。总体上，茶叶病虫害防治大数据平台是由数据采集层、数据处理层及数据展示层三部分组成的一个有机整体，涵盖数据源建设、数据利用及可视化展示等主要部分。

根据病虫害防治需求，茶叶病虫害防治大数据平台应强化对数据的实时采集和处理。病虫害数据应包含病害、虫害不同发育阶段、不同地域的实时图像，茶园指定区域的图像、气候、土壤参数等数据，并具备数据的传输及预处理等功能。但目前在病虫害图像的采集及存储方面并没有统一的标准，相关的数据采集系统也仅停留在实验阶段，并无大规模应用的成熟案例。如何基于农

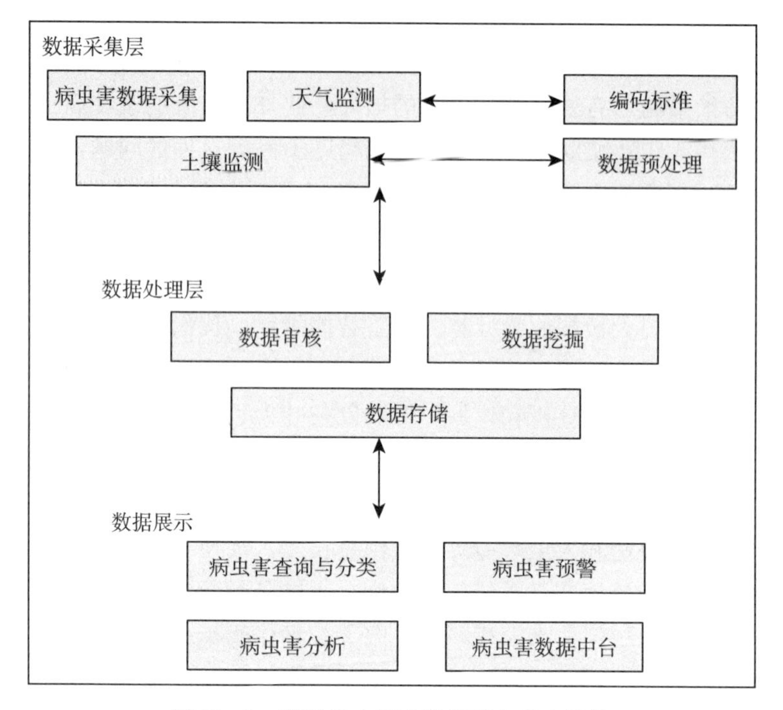

图 10-1　茶叶病虫害大数据平台基本架构

业物联网，构建完整的茶园数据实时监测与分析体系，是未来茶叶病虫害大数据平台的一个重要发展方向。此外，利用大数据分析及挖掘技术，对病虫害数据进行关联分析、危害趋势分析等是病虫害大数据平台应重点解决的问题。整体来看，现有的茶叶病虫害防治大数据平台主要聚集于数据的存储与查询，缺乏对数据的深入挖掘、分析及展示，实时性较低，对茶树的生长情况、病虫害监测及发生趋势预测等无法结合土壤、生态等情况进行病虫害的实时监测分析和管理。

基于上述分析，茶叶病虫害防治大数据平台未来应重点建设以下内容：

1. 加强数据可视化技术的研究与应用

加强在茶叶病虫害防治大数据平台中使用可视化技术，实现对病虫害数据的实时展示和对数据挖掘结果的展现，有效揭示病虫害与茶叶管理之间更深层的关系。应综合发挥各类数据可视化技术的优势，开发和制定不同模块的可视化主题。采用多视图多主题功能，全面提高茶叶病虫害分析与防治信息的展示能力，强化用户对病虫害的感知能力。加强对 Echarts、ajax、神经网络、深度学习及各类图表等技术的研究与应用，将病虫害监测、识别、分析和统计结果以柱状图、扇形图、折线图、地图与各类图形进行结合，以直观性更强的可视化图表进行呈现，能够将数据之间的关系按照不同的维度进行展示，使用户或管理者可以直观地看到分析过程以及数据挖掘的结果，对病虫害的现状与未来发展趋势的分析更加及时和清晰。

2. 强化大数据挖掘技术的开发与应用

茶叶病虫害的产生和发育有其自身的规律，应进一步发挥各类大数据分析与挖掘技术的作用，积极采用各类机器学习方法，如深度学习、决策树、深度网络、强化学习、遗传算法等，构建茶叶病虫害识别及预测模型，合理使用机器学习和挖掘技术，如支持向量机、神经网络、序列模式发现、深度学习模型、异常和趋势发现等技术加强对病虫害发生规律的分析与认识。强化用户兴趣分析、病虫害发展趋势分析、病虫害种类识别分析等面向茶叶病虫害实时监测、预防的大数据挖掘等技术的研究与应用。充分发挥茶叶病虫害防治大数据平台的优势，采用聚类分析，如系统聚类、动态聚类、主元分析法、相关分析等加强对病虫害防治大数据的挖掘和利用。

3. 推动病虫害数据的规范与统一

茶叶病虫害数据类型繁多，数据采集系统中有数值类型、字符型、布尔型、图像、视频等格式化和非格式化数据，为便于分析和挖掘，应对各类数据进行规范化，并推动数据标准的制定，实现病虫害数据的规范表达、统一存储，解决数据格式不规范、查询与处理困难等问题。在此基础上明晰大数据可视化输出和展示，能够通过各种手段清晰地查看到分析结果。此外，大力推动数据接口的标准化与规范化，提供标准化、规范化的数据及编程接口，有利于实现数据的利用与开发，促进茶叶的种植与生产质量的提升。

10.2 病虫害识别算法的优化与改进

随着支持向量机、神经网络、深度学习等相关技术的不断发展和成熟，茶叶病虫害的分类和识别算法的精度得到了很大的提高。从实际应用效果来看，在光照充分和目标可精细捕捉及检测的静态环境下，基于深度学习的病虫害识别方法能够得到较为理想的识别精度，相关的检测与识别系统也已投入到实际应用中，但多数系统仍然停留在实验层次，其识别的可靠性，监测预警的可信度及开发应用的成本仍未达到实用的程度，相比基于植保专家的人工识别，自动识别系统在精度、可靠性等方面存在很多不足。其根本原因在于各种基于数字图像处理技术和人工智能算法的病虫害识别及预警算法在自然条件较好的前提下，只对局部地区差异性较大的病虫害种类具备较好的性能。但是由于不同茶叶病虫害的外观形态具有特殊性，目各类虫害体积较小，从外观来看，自身颜色与环境颜色差异性不强，不同病虫害的图像纹理存在一定的相似性，导致算法的识别率有较大起伏。此外，茶园现场环境复杂，病虫害的出现和发育与土壤环境、气象状况、周边作物种类等因素具有强相关性，导致对茶叶病虫害的准确及时识别和实时预测，仍是一件非常困难的工作[8][9]。

总体来看，目前人工智能及图像处理技术在茶叶病虫害识别与预警领域已具有一定的实用性，已能够在一定程度上代替专家在现场进行人眼识别，在减轻劳动强度的同时能够有效提高病虫害的检测与识别效率。但在技术上仍面临着许多重要问题悬而未解，比如构建完整的茶叶病虫害数据库，针对不同种类病虫害如何设计合适的检测和识别算法，如何实现实时的数据采集和标注等，仍有很大的改善空间。同时，如何在降低病虫害样本库大小，提高识别精度的同时改进模型的训练成本，进一步提高分类和预测的精度仍需深入研究。此外，对茶叶病虫害而言，其扩散和发育是动态变化的过程，不同时间、不同地区、不同气候和种植条件下，病虫害的大小、外观特征、颜色、区域分布、危害程度等大不相同。因此，茶叶病虫害难以采用统一的特征进行描述，训练好的识别模型并不能在各类环境下直接使用，需要根据实际情况逐渐进行优化才能取得较好的效果[10][11]。

综合上述分析，针对茶叶病虫害识别算法的优化与改进应从以下几个方面入手：

1. 针对茶叶病虫害表症复杂多变的特点，加强对病虫害分割算法的研究

由于现有的病虫害图像样本库较少，标注数据不足，且各类病虫害图像的背景比较简单，光照差异不大，背景分割过程中易发生较大误差。对此，下一步的研究可加快采集自然生长状态下的茶叶病虫害图像作为样本，通过拍摄不同角度、不同部位的病虫害图像进行测试，同时优化背景分割与病斑分割算法，以使整体的分割算法能够适应复杂的图像背景和更加精准的病斑分割。

2. 茶叶病虫害样本数据的实时采集与规范化

目前要全面采集各地域不同种类茶叶病虫害图像是十分困难的，尤其在自然环境下，病虫图像普遍存在遮挡、变形及受害区域隐蔽等问题，使得构建病虫害的完整样本数据集是一件非常困难的事情，导致可供模型训练的带有标签的茶叶病虫害数据集不能满足模型训练要求。因此，通过构建基于可见光采集设备、多光谱采集设备的茶园数据采集系统，同时结合遥感、高光谱、多光谱、近红外、激光雷达等技术用于获取茶叶病虫害数据，通过周期性的采集和处理，可获得病虫害生长全周期的时序数据，有助于在模型训练过程中持续提高识别模型的精度和泛化能力。在此基础上，研究如何进一步提高细粒度零样本学习的识别精度，在降低复杂度和样本数量要求的前提下，设计和开发图像特征提取快、图像识别精度好的可视化识别模型，对构建端到端的病虫害学习模型具有十分重要的意义。

3. 强化对茶叶病虫害相关数据综合分析与病虫害发展趋势预测

在病虫害识别算法中可以引入无监督学习和弱监督学习的方法，可以考虑使用迁移学习及强化学习算法，将学习到的特征迁移到茶叶病虫害目标识别任务中。减少模型训练时间，提高训练效率。同时，使用图像增强、对抗式生成网络、样本匹配、反事实推理等方法增加训练样本的数量，可有效提高识别模型的精度。针对深度学习网络的优化问题，可以采用网络剪枝、张量分解等手段压缩、加速网络等技术提升深度模型的综合性能。此外，将茶园土壤、气象、管理等多源数据与病虫害发生机理模型充分融合，将茶叶病虫害数据由传统、单一的气象、生长数据，拓展至高光谱、激光雷达等多源数据，构建性能更加全面的识别与预测模型。在此基础上，能够进一步优化茶叶病虫害识别与预测算法。随着高分辨率茶园气象数据和高分辨率遥感影像数据的获取，如何有效地针对该类数据进行深入的分析，挖掘其与病虫害之间的关系，设计由大数据驱动的预测模型是茶叶病虫害防治中要解决的一个关键问题。

4. 加强对数据的可视化展示，推动数据融合，提高决策支撑的力度

通过汇总和分析各类病虫害数据，利用大数据分析手段从茶叶常见病虫害类型中，深度分析近一个月或几个月内的发病率及其危害情况，加以比较分析、预测、危害评估，可显著提高病虫害防治水平。在此基础上，进一步强化数据展示和管理方式，统计和分析高发的病虫害相关数据，可以给植保和种植人员提供分析决策支撑。采用查询、多维分析、指标工具、管理驾驶舱、智能报告及地图分析等各类服务，实现对各种分析模型的定义和发布，用于解析设计模型，并监控整个模型的运行状态。此外，应进一步强化茶叶病虫害的预警和实时监控，实现对茶叶生长情况、病虫发生趋势、天气情况等进行实时监测与可视化展示，有利于及时处理茶叶生产中的突发情况。同时，提供分析、评估、预警、预测、优化整合及加工茶产业内外部各种相关数据，形成茶树生长及病虫害防治信息统一视图，为管理部门、企业、种植户提供病虫害防治、产销、生产环境等数据应用支撑。

10.3 智慧茶园建设

智慧茶园指的是利用现代信息技术，如物联网、大数据、互联网、云计算、人工智能等，结合茶园自动管理、病虫害防治等问题进行研究和开发，涵盖茶叶采摘、病虫害防治、施肥、灌溉、加工、销售等功能的软硬件系统。通过智慧茶园可以为茶产业赋予智能化、自动化能力，创造更大的经济利益和生态收益。同时，智慧茶园能为茶产业链条上的经营者减轻劳动强度，提高工作效率和茶叶品质，有助于构建面向智慧农业的信息服务体系。智慧茶园要求从基础数据采集、通信网络、数据存储与管理、大数据平台设计和实践、应用服务等方面构建基于大数据技术的茶叶信息服务体系，实现茶叶生产、管理及销售的自动化和智能化[12][13]。

从智慧茶园的功能需求角度来看，需要建设涵盖质量安全追溯、病虫害实时监测与防控、茶叶生产加工、包装销售、政策咨询服务等内容的茶叶综合信息服务体系，完善智慧化服务功能，建立融合茶产业全链条展示的茶叶大数据平台。在此基础上进一步构建包含病虫害监测与防治、茶产品价格及质量预警、绿色茶园等方面的具体应用。应进一步制定和完善符合本地茶产业发展需求的茶叶大数据标准规范，包括茶叶大数据标准、信息资源目录体系标准及数据交换共享标准等，为茶叶大数据平台数据统计和分析、病虫害信息实时监测及检索、茶叶生产和市场信息共享交换等功能提供条件。依托茶叶大数据基础资源，优化茶叶大数据平台基础运行环境，为平台运行提供可靠、稳定、安全的基础硬件平台和软件，为茶叶大数据平台的基础数据存储、数据安全、数据共享、统一运维管理等提供条件。

基于上述分析，未来的智慧茶园体系架构应具备如图 10-2 所示的功能模块。

根据图 10-2 可以看出，从数据采集层面来看，智慧茶园通过构建茶园物联网系统及大数据平台，实时采集茶园病虫害、温度、湿度、风向、降水量、土壤、茶叶长势等基本数据，经数据传输及预处理，构建完整的茶园病虫害及茶树生长监测平台，在此基础上完善数据存储和共享软硬件设施，进一步建设茶叶大数据平台，利用大数据挖掘手段分析潜在的生产风险。大数据平台整合

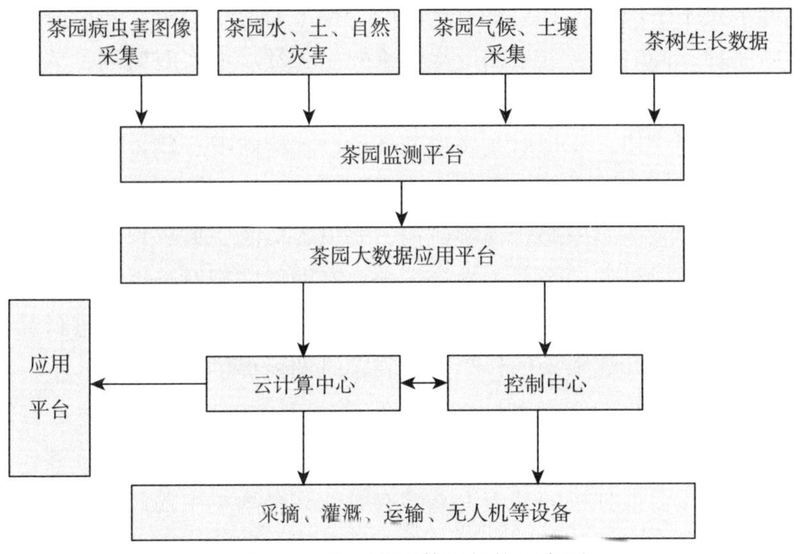

图 10-2　智慧茶园体系架构示意图

云计算中心和控制中心，利用云计算助力模型的训练与完善，并在控制中心的统一控制下，充分利用茶叶采摘、灌溉及传感器等设备开展智能化管控，以降低成本，提升茶叶产量及品质的同时，发挥智慧茶园智能化优势，突破传统茶园种植管理模式，改变传统的茶叶生产销售理念，优化茶叶生产要素，充分利用物联网、大数据、云计算等先进手段，最终实现茶园的智慧化管理。值得指出的是，推进茶树种植管理经验标准化，建立病虫害实时监测与预测机制，有助于增强茶园病虫害绿色防控手段的科学性与合理性，同时也可有效降低病虫害防治成本，提高病虫害防治效率。总体上，智慧茶园有利于实现对各种资源的高效利用，打造绿色、高产、优质、标准化的茶叶种植区，促进茶产业转型升级，推动茶产业高质量发展。

从茶叶病害虫防治的角度来看，病虫害监测与防控是茶产业可持续发展的关键一环。病虫害综合防控是智慧茶园建设中的一项重要内容，对茶产业可持续发展具有重要意义。近几年来，随着气候和生态环境的变化，茶叶病虫害种类、发生规律、危害程度等均有所变化，故在茶叶病虫害防控方面，要强化以大数据分析手段对不同地区茶树主要病虫害的发生规律及危害状态进行密切监测，加强统计和分析，为开发绿色防控手段、研究低毒、低残留药剂，建立茶叶病虫害防控数据库提供支撑。此外，在智慧茶园建设过程中，应建立茶叶病虫害发生的早期监测与预警，综合利用多种防治手段控制病虫害。可以考虑采用现代分子技术手段，如针对抗虫基因的挖掘来研究更稳定、高产、抗病虫害的茶叶新品种。同时，智慧茶园应提供茶树生长环境的实时监测、危害程度分析及病虫害发展趋势预警，可以考虑在茶园数据采集系统中融入气象监测模块和茶园土壤监测模块，实现对茶场气候条件、土壤状况、病虫害等数据的收集与分析，为精准管控病虫害提供技术支撑[14][15]。

此外，在智慧茶园中融合视频监控、病虫害监测、遥感识别和茶园测绘模块，是智慧茶园建设的一个重要发展方向，有助于实现对茶树长势、土壤及病虫害的系统分析。在此基础上，对茶叶病虫害、气候和自然灾害进行综合分析与预测，能够为茶叶病虫害的科学管理和实时调控提供技术支持。下一步应该推进标准化、智能化的智慧茶园建设，配合成熟的茶园环境与病虫害监测体系，打造出茶园标准化生产和病虫害管控系统。采用上述智能化程度较高的茶园管理手段，在数据分析的基础上能够有效地减轻病虫害的危害。因此，未来智慧茶园应积极采用人工智能、病虫害自动监测、智能化识别等技术实现茶园生产管理智能化，完善病虫害远程监测与防治手段，使茶叶生产和管理向自动化、机械化、智能化方向转变，助力茶产业可持续发展。目前针对智慧茶园的研究大多集中在技术应用层面，对于智慧茶园的科学规划、建设模式方面的研究较少，相关的研究也值得进一步关注[16][17]。

值得指出的是，智慧茶园的建设是一个持续迭代的过程，科学的顶层设计是关键，应准确把握智慧茶园建设发展的大方向，积极完善以数据为中心的大数据平台，保证智慧茶园的持续优化。智慧茶园广泛采用大数据、人工智能技术实现各个模块之间的融合与互通，是下一步发展智慧农业的重要内容。随着农业物联网系统及人工智能、大数据等技术的广泛应用，基于智能技术的智慧茶园会得到进一步的研究和推广，将进一步实现茶叶品质按需调控、茶园生产管理智能化的目标[18][19]。

从目前的智慧茶园建设现状来看，未来应加强以下几方面的工作。

1. 加强智能识别和管控技术的研究和开发

深入研究和开发可准确监测茶园气候和土壤环境、茶树生长发育、病虫害分析、农药残留等的智能识别和管控技术，创新开发集多功能为一体的传感设备，强化传感器的采集精度和抗干扰性，构建功能完备的茶园物联网系统，实现实时、动态、连续的茶园现场信息感知，提高智慧茶园的智能性和实用性。此外，应加快茶叶大数据构建与应用，提升大数据系统的智能决策、精准作业能力，加快茶园管理标准规范化的建设，实现茶园间数据共享和交互操作。在此基础上加快建设基于人工智能技术、农业物联网、传感器技术耦合的综合信息服务平台，将茶园资源管控系统、茶叶生产管理系统、估产系统、病虫害监测系统等进行集成应用。

2. 强化数据采集和处理方法的研究与应用

数据采集与处理的智能化是茶园物联网的基础，数据采集平台及传感器的多元化和智能化，高精度的立体化观测设施，面向大数据的数据存储与挖掘技术，是茶园数据采集系统向智能化方向发展的关键技术。传感器是茶园智能化数据采集的核心技术之一，目前针对茶园温度、湿度及土壤、病虫害监测等的传感器已经广泛用于智慧茶园体系建设中，主要完成土壤、气候、长势等环境参数及病虫害危害程度的数据采集等任务。此外，遥感技术因其具有速度快、面积大、分辨率高等优点，逐渐成为获得茶园数据的一个重要手段，加强遥感技术的应用与开发，采用高空间分辨率、时间分辨率的遥感技术，可精确获取茶园的光谱信息，在此基础上采用图像处理及人工智能技术，能够对茶园进行时空状态分析，可广泛应用于种植面积估算、估产、病虫害监测和环境监测。近些年来随着小型无人机的广泛使用，其在小范围茶园立体化监测方面展现出很大的潜力[19][20][21]。凭借其操作简单、灵活性强、快速反应、图像采集质量高等特点，能够实时获取茶树长势和病虫害数据，在病虫害图像数据采集中和现场观测中具有重要作用，有助于快速构建一个融合多种数据采集、分析技术的数据采集和传输平台，满足大数据平台建设需要的茶园数据和信息通信要求。

3. 进一步加强茶园智能化装备开发和应用，推动数据创新应用

基于茶园物联网，在智慧茶园软硬件开发方面加快制定统一的技术标准，进一步优化和规范数据传输和存储方式，提高数据采集的效率和精度，保证数据的稳定性和安全性。在此基础上，完善茶叶病虫害防治大数据平台建设，加快智慧茶园关键技术创新研究和应用。将茶叶病虫害数据采集、数据分析、数据挖掘等作为开发和应用重点，应用云计算、大数据分析、数据融合、数据挖掘等技术完善数据的存储、脱敏、预处理、共享、检验算法，加强对茶叶大数据平台中的数据共享机制、访问权限、数据编码等进行综合管理，为智慧茶园的建设与开发提供技术支撑。

4. 加强茶叶病虫害的样本库及其应用系统建设，提高病虫害监测与识别精度

针对各类茶叶病虫害各个阶段的生长特点，采集自然生长状态下的茶叶叶片作为样本，通过采集不同角度、不同部位的病虫害图像进行测试，同时优化分割算法，使算法能够适应复杂的图像背景和图像纹理结构，实现更加精准的病斑和害虫分割，构建一个涵盖不同地域、不同茶叶品种的病虫害图像库，为采用人工智能技术进行病虫害的自动监测与防治提供良好的条件[22][23][24][25]。在此基础上，在智慧茶叶平台中融入病虫害数据采集、分析、预警等功能，完善智慧茶园的功能模块，制定茶叶大数据标准，建立共享开放的茶叶大数据信息平台，促进共享开放，调动社会积极性，推动技术方法、数据资源、监测成果共享共用，进一步深化茶叶大数据信息平台应用，扩展其应用领域，最大程度拓宽服务范围和服务功能，深入挖掘茶叶大数据潜在价值，是进一步建设智慧茶园的主要任务。

10.4 本章小结

本章分析了基于物联网、人工智能及大数据技术构建茶叶病虫害识别与防治体系存在的一些问题，如茶叶病虫害大数据平台构建、样本获取、识别算法、大数据分析、智慧茶园建设等方面的不足，指出大数据平台建设、模型优化、数据融合及病虫害预警是当前智慧茶园建设的主要趋势。充分发挥茶叶种植和加工生产中积累的大数据在病虫害识别与预警系统中的作用，已经成为智慧茶园的核心目标，相关的大数据分析与挖掘技术也正成为推进病虫害智能防治的关键因素。在充分利用茶叶相关数据的多态性、时效性强的特点，结合农业物联网和人工智能技术，构建茶叶大数据平台，并进一步强化识别算法的优化与改进，可以实现对茶叶病虫害相关数据的综合分析与病虫害发展趋势预测，有利于采取更加科学的防治措施。在此基础上，本章进一步探讨了茶叶病虫害识别算法的优化与改进思路，对算法优化方法进行了讨论，指出了其发展方向。最后，对智慧茶园建设进行了总结，分析了智慧茶园体系架构，并探讨了智慧茶园的下一步发展趋势。

参 考 文 献

[1] 杨妮娜，黄大野，万 鹏，等．茶树主要害虫研究进展 [1]. 安徽农业科学，2019，57 (22)：1-3.

[2] 覃照标．茶叶病虫害综合防治技术探讨 [J]，南方农业，2021，15 (6)：52-53.

[3] 刘心怡，乐毅，阳小牙，等．基于大数据平台的农作物病虫监测预警系统的研究 [J]. 洛阳理工学院学报（自然科学版）2020，30（2）：72-78.
[4] 文燕．基于 Hadoop 农业大数据管理平台的设计 [J]. 计算机系统应用，2017，26（5）：75-80.
[5] 疏再发，吉庆勇，金晶，等．智慧茶园技术集成与应用 [J]. 中国茶业，2022，44（3）：11-19.
[6] 余万民，范蓓蕾，钱建平．基于云计算的农业大数据共享服务平台研发 [J]. 中国农业信息，2020，32（1）：21-29.
[7] 李瑾，顾戈琦．基于"互联网+"的农业大数据平台构建 [J]. 湖北农业科学，2017，56（10）：1948-1953.
[8] 张亚军．基于改进支持向量机算法的农业害虫图像识别研究 [J]. 中国农机化学报，2021，42（2）：147-153.
[9] Yan Hongqiang，Jiang Yan，Liu Guannan. Telecomm fraud detection via attributed bipartite network [C] //The 15th International Conference on Service Systems and Service Management. 2018：157-166.
[10] 陈波冯，李靖东，卢兴见，等．基于深度学习的图异常检测技术综述 [J]. 计算机研究与发展，2021，58（7）：1436-1455.
[11] 赵升，赵黎．基于双向特征金字塔和深度学习的图像识别方法 [J]. 哈尔滨理工大学学报，2021，26（2）：45-51.
[12] 程艳明，徐嘉欣，牛晶．基于 LoRa 技术山区茶园环境监测系统 [J]. 福建茶业，2019（3）：28-30.
[13] 沈萍，邓国斌．物联网的智慧茶园控制技术 [J]. 福建电脑，2020，36（6）：110-112.
[14] 冷波．基于物联网技术的智慧茶园控制技术 [J]. 中国新通信，2014，16（12）：92-94.
[15] 王圆．智慧茶园专家系统的设计与实现 [M]. 曲阜：曲阜师范大学，2022.
[16] 李强，高懋芳，方莹．农业大数据信息平台构建方法初探 [J]. 农业大数据学报，2021，3（2）：7-12.
[17] 吴文斌，史云，周清波，等．天空地数字农业管理系统框架设计与构建建议 [J]. 智慧农业，2019，1（2）：64-72.
[18] 崔磊．农业大数据建设的需求、模式与单品种全产业链推进路径 [J]. 大数据，2019，5（5）：100-108.
[19] 杜宇，唐庆春．全产业链视角下农业大数据建设与应用展望 [J]. 农业展望，2020，16（8）：120-123.
[20] Song C Q，Gao M X，Zhou H. Research Status and Development Ideas of Agricultural

Big Data in Agricultural Colleges and Universities [J]. Agricultural Education in China，2014 (5)：4.

[21] Zhou G M，Fan J C. Design and Implementation of Agricultural Science Observation Data Collection Management Platform [J]. Journal of Agricultural Big Data，2019，1 (3)：38-45.

[22] 赵瑞雪，赵华，朱亮．国内外农业科学大数据建设与共享进展 [J]. 农业大数据学报，2019，1 (1)：24-37.

[23] 申格，吴文斌，史云．我国智慧农业研究和应用最新进展分析 [J]. 中国农业信息，2018，30 (2)：1-14.

[24] 郭雷风．面向农业领域的大数据关键技术研究 [D]. 北京：中国农业科学院，2018.

[25] Zhou Q，Yu Q，Liu J. Perspective of Chinese GF-1 high-resolution satellite data in agricultural remote sensing monitoring [J]. Journal of Integrative Agriculture，2017，16 (2)：242-251.

第11章 总结与展望

人工智能、大数据技术在智慧农业、物联网等领域得到了广泛的应用，已成为生产活动中的一个重要组成部分。人工智能可以模拟人类一些行为和技能，其核心任务是建立人工智能理论，进而利用这些理论设计和开发近似于人类智能行为的计算系统，可以模仿与人类智能有关的行为，如识别、判断、推理、感知、决策、规划、学习等。茶叶作为我国的一种主要经济作物，每年受病虫害的影响造成占总产值10%～15%的损失，如何基于人工智能技术对病虫害进行及时、精准的识别并给出合理的防治建议，以尽量减少用药剂量是当前面临的一个主要问题。

本书以茶叶常见病虫害的识别和防治为研究对象，围绕目前研究工作中面临的一些问题，对人工智能技术、茶叶病虫害的特点、特征提取与图像分割、神经网络、深度学习、专家系统等内容进行了研究。同时，对迁移学习、深度卷积网络优化技术在茶叶病虫害识别及远程监测中的应用进行了研究。在研究过程中，深入分析并借鉴了国内外现有的相关研究成果，对相关的研究思路及方法进行了一些改进和创新，取得的主要研究成果和创新之处如下。

1. 提出了茶叶大数据平台体系结构

在分析茶叶数据采集、存储、挖掘及应用技术的基础上，提出了茶叶大数据平台体系结构。由基础层实现对数据存储、处理支撑，包含基于大数据软硬件系统的数据中台。数据层和应用层实现对数据管理的应用。研究和开发针对茶园生态评估、作物病虫害、水资源数据的标准化及脱敏方法，以方便各类应用系统进行模式识别算法训练和识别操作，为茶叶病虫害监测、生态环境评估、质量安全追溯、精准农业生产决策系统的建立提供了基础条件。同时针对茶叶病虫害与生长环境监测，建立统一的茶叶大数据标准，便于数据的流通、交互及共享，也是茶叶大数据平台具备的主要功能。

2. 提出一种基于BP神经网络的茶叶病害识别方法

针对茶叶常见的几种病害，即茶叶炭疽病、茶饼病、茶煤病进行识别，通过简化BP神经网络的神经元和优化神经网络的输入矢量，设计了一种基于BP神经网络的茶叶病害识别方法，基于该方法构建了病害识别系统，实现了茶叶炭疽病、茶饼病、茶煤病的远程监测与自动识别。通过实验验证了其性能，与目前典型的识别算法相比，其执行效率较高、识别准确率较优，有利于在计算、存储能力较低的设备运行茶叶病害识别系统，具备一定的实际应用价值。

3. 提出一种采用迁移学习技术的茶叶常见病害识别方法

针对茶叶病害特征变化较为频繁，样本数量较少，在其生命周期内难以准确识别的问题，提出一种采用迁移学习技术的病害识别算法。考虑到病虫害样本数量过少对深度学习模型精度的不利影响，所提算法的主要思路是基于现有Inception-V3作为卷积层模型，结合新构建的全连接层，充分利用迁移学习技术在小样本条件下获得较好的精度的优点，节省了模型训练成本，实现了对茶叶常见病害的准确识别，其识别效果较好，具备较强的实际应用价值。通过实验证明，利用现有成熟的学习模型，可迅速构建性能良好新模型，实现对茶叶病虫害的快速识别，有助于构建病虫害实时监测与防控体系。

4. 提出一种基于改进支持向量机的病虫害识别方法

支持向量机是一种经典的分类工具，基于该模型构建了一种茶叶病虫害识别方法。首先对采集到的茶叶常见病虫害图像进行归一化，为后续训练提供数据支撑。经过特征提取后的图片再一次进行下采样方式降维，并将降维后的特征向量采用不同核函数的支持向量机模型进行分类和识别。然后采用融合颜色矩、颜色聚合向量、局部二值模式统计直方图等几种方式构成颜色纹理特征。设计了支持向量机的平滑参数，以提高支持向量机的识别能力。仿真实验结果表明，与基于颜色特征的SVM及传统SVM识别模型相比，所提出的方法不但提高了病虫害的平均识别率，而且有效降低了模型训练时间。

5. 提出一种采用深度卷积网络的病虫害识别算法

针对现有的识别算法未充分考虑茶叶病虫害图像样本过少，模型训练困难且计算量较大等问题，在分析深度卷积网络构建与优化问题的基础上，完善了茶叶病虫害数据集。在此基础上，构建了一种基于深度卷积的茶叶病虫害识别模型，在提高训练效率的同时，也改善了病虫害识别精度。最后在实验中对提出的深度卷积网络识别模型进行验证，结果表明与传统的算法相比，深度卷积网络有效地提高了算法的识别性能，在茶叶病虫害自动识别中具有较大的应用前景。

6. 探讨了深度卷积网络优化技术

深度卷积网络是目前深度学习中的一种关键技术，在特征提取、图像分割及识别等方面得到广泛的应用。但深度卷积网络对训练样本和计算资源要求较高，在一定程度上限制了深度卷积网络在小型或移动设备上的应用。本书分析了深度卷积网络的优化技术，重点探讨了网络剪枝方法，分析了面向下一层参数的剪枝方法和基于参数类比的剪枝方法的优缺点，设计了其基本模型与实现策略。为降低对样本数据的要求，对卷积核分析方法进行了分析，提出了一种针对能量值的计算策略。针对参数分布与优化问题，根据深度卷积网络参数分布的能量值与其性能之间近似为正比关系，设计了一种参数分布的优化策略，在求解最优参数分布的时候，调整可学习参数在不同层的分配，并对该方法进行了验证和分析。总的来看，深度卷积网络优化技术是深度学习中的一个重要研究方向，对提升网络性能，降低网络训练时间具有极其重要的实际应用价值。

7. 提出了茶叶病虫害诊断专家系统的设计思路

针对茶叶病虫害远程监测与自动识别问题，在分析专家系统原理和功能的基础上，提出了一种茶叶病虫害诊断专家系统的设计思路。提出将植保专家的病虫害防治知识和经验嵌入到专家系统内，经过知识库的构建和推理后，由专家系统实现对常见茶叶病虫害的识别和诊断，并提出相应的病虫害防治推荐建议。探讨了专家系统知识获取、知识库及推理模块、解释模块的设计原理，分析了构建基于专家系统的茶叶常见病虫害诊断模型的流程与构建方法，针对自动识别和诊断病虫害的类型与发展阶段，提出了相应的实现手段，为茶叶病虫害诊断专家系统的实现奠定了一定的基础。同时，构建了一个专家系统原型，并在实验中对其有效性进行了初步的验证。

虽然本书针对人工智能技术及其在茶叶病虫害防治方面的应用取得了一定的研究成果，但因问题的复杂性，以及个人知识水平及研究时间有限等原因，仍存在一些问题有待进一步解决：

（1）本书在识别算法设计中更多地采用深度卷积网络为代表的一些智能算法，尽管使用了一些针对深度网络的参数优化技术，但各类方法仍然对训练样本的数量和质量要求较高，并没有充分地考虑到当病虫害样本数量较少或算法运算端为移动终端时，算法性能易受到样本数量及各类终端的处理能力、带宽、分辨率、能源等因素的影响，预测的准确性和实时性难以完全满足病虫害识别的实际需求。寻找新的预测方法并设计性能更好的优化技术有待进一步的研究。

（2）茶叶病虫害受到气候、品种、周边环境、管理水平等复杂因素的影响，纹理结构复杂多变、发病机理并不完全清楚，人工智能系统很难获得准确的专家知识，导致训练结果并不令人满意，难以完全符合病虫害防治要求。如何针对病虫害实际特征，构建完整的病虫害数据库及相关的知识库，仍有待进一步的研究。

（3）由于种种原因，目前并没有建立完善的、覆盖病虫害全生命周期的病虫害样本库，对各类基于深度学习技术的特征提取、图像分割及识别模型的训练造成较大的影响，模型的性能很难得到保证。如何完善病虫害数据库，同时在小样本条件下开发分类性能良好的算法，使之具备常见病虫害的准确识别能力，有待进一步的研究。

（4）茶叶病虫害远程监测与识别算法仍有待改进，其精度和复杂度并不能满足实际需要。如何结合人工智能与大数据挖掘技术，开发出实用的病虫害识别与危害预测模型，是人工智能技术在实际应用中面临的一个重要问题。

附　录

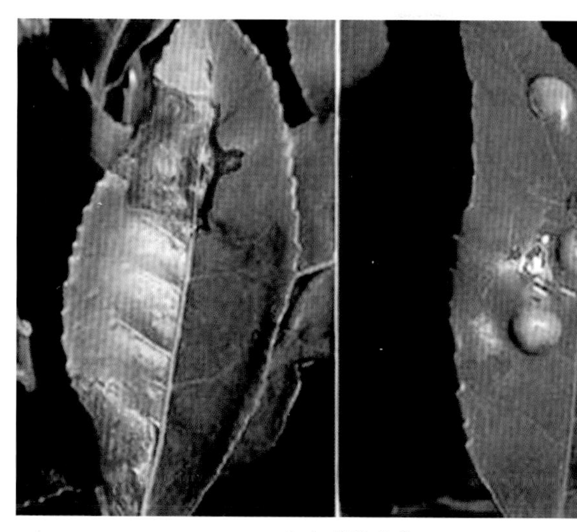

（a）茶炭疽病

（b）茶饼病

（c）茶网饼病

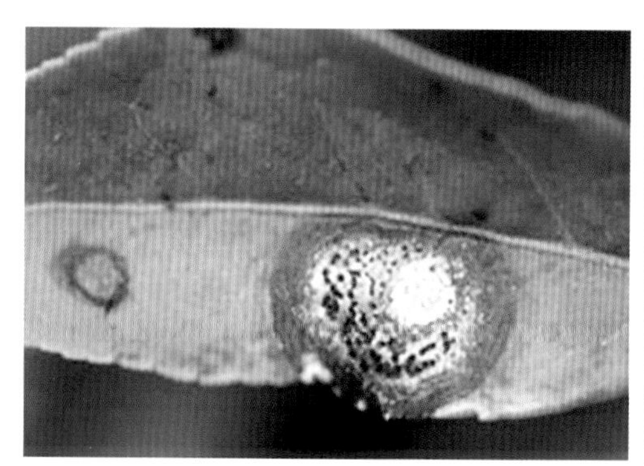

（d）茶轮斑病

（e）茶云纹枯病

（f）茶白星病

（g）茶圆赤星病

彩图一　常见的茶叶病害示意

（a）茶尺蠖

（b）茶黑毒蛾

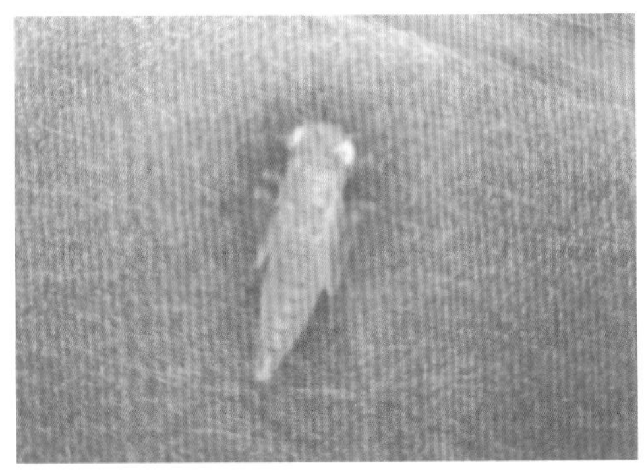

（c）茶小绿叶蝉

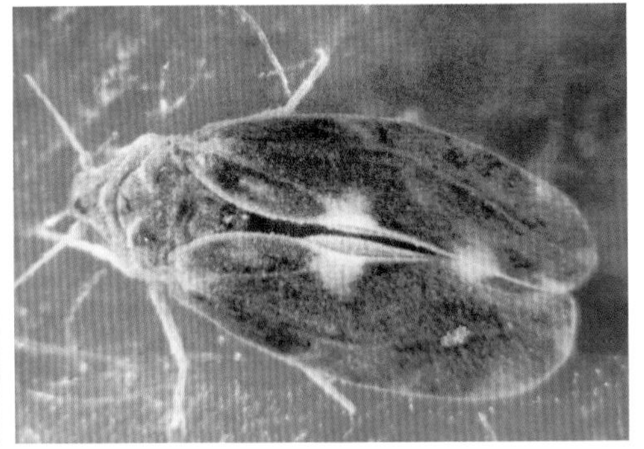

（d）黑刺粉虱

彩图二　常见的茶叶虫害示意

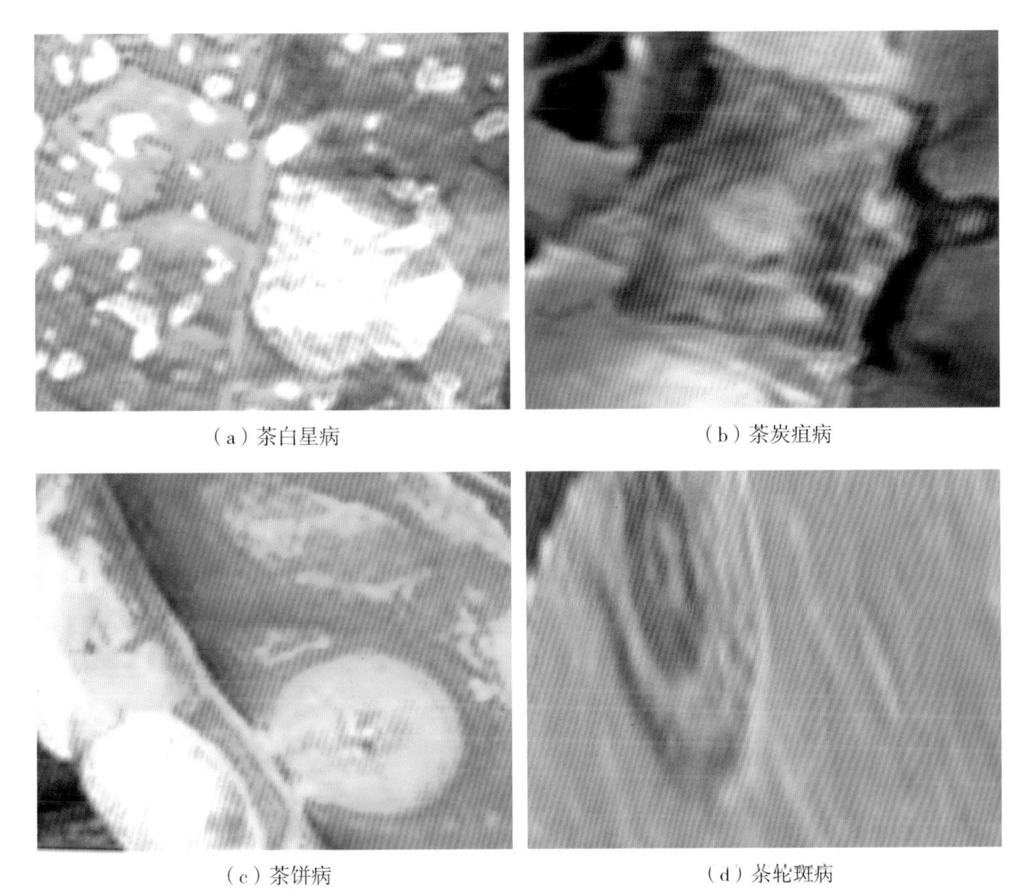

（a）茶白星病　（b）茶炭疽病

（c）茶饼病　（d）茶轮斑病

彩图三　茶叶代表性病害

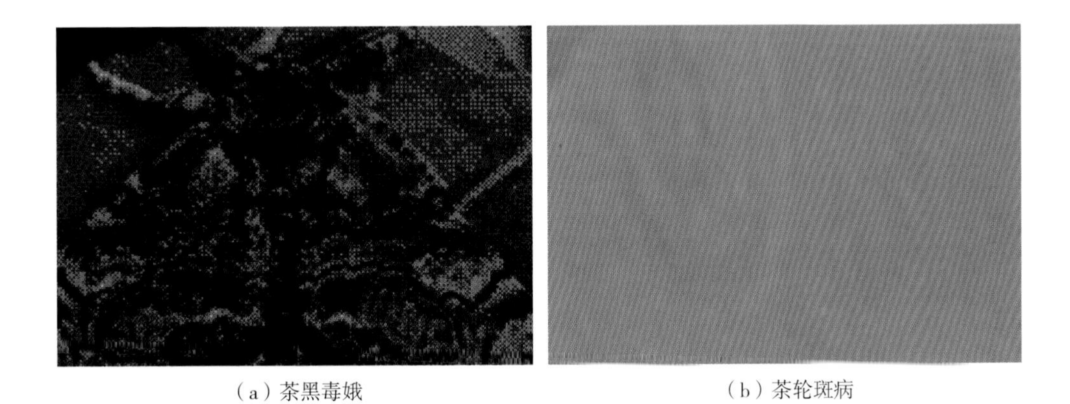

（a）茶黑毒蛾　（b）茶轮斑病

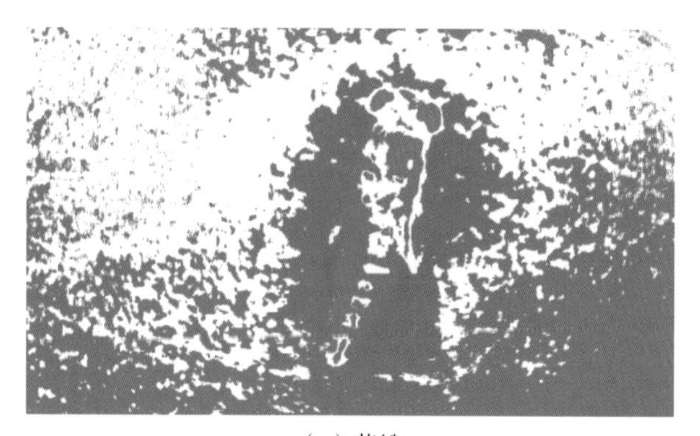

（c）茶蛾

彩图四　经过预处理及特征提取后的病虫害图片

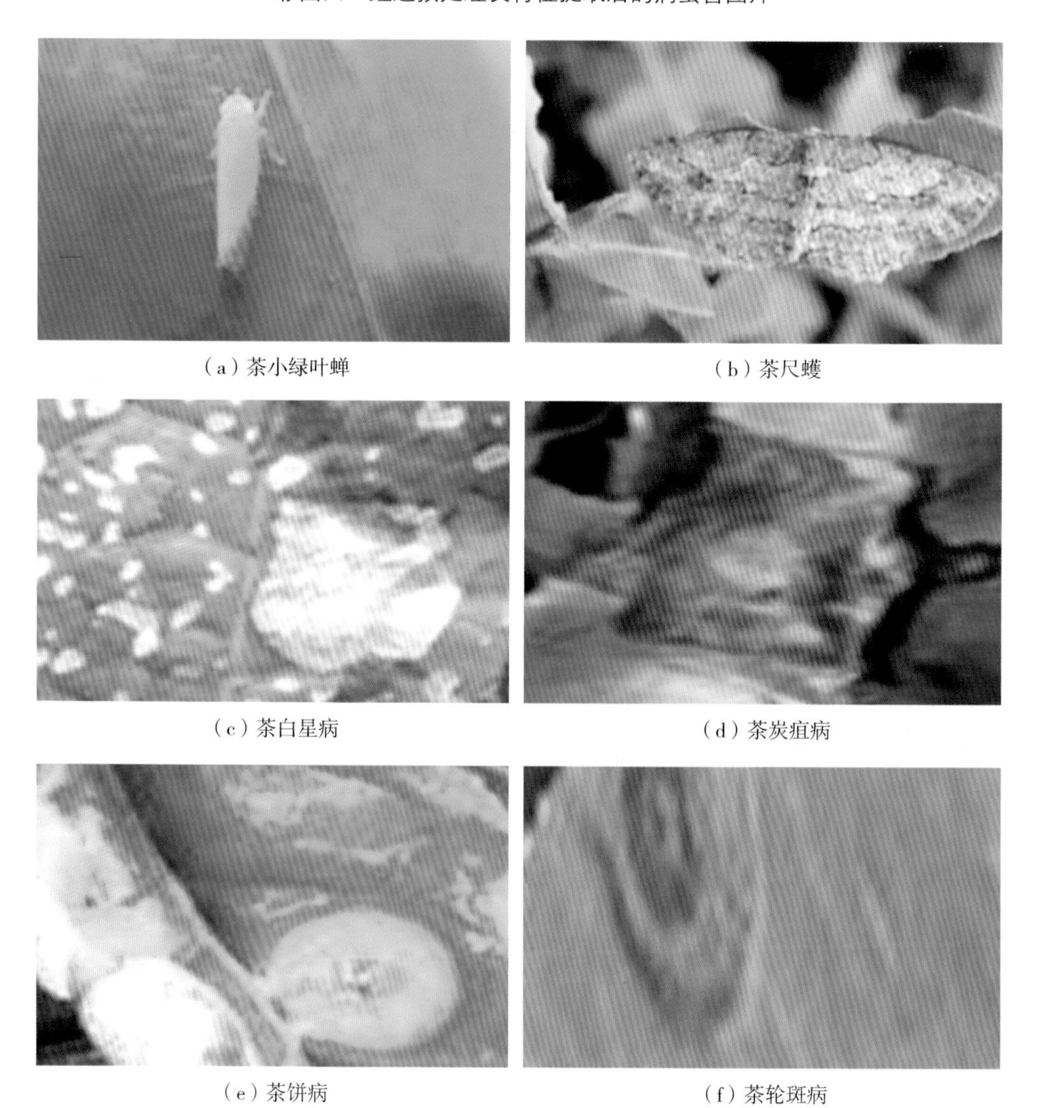

（a）茶小绿叶蝉　（b）茶尺蠖

（c）茶白星病　（d）茶炭疽病

（e）茶饼病　（f）茶轮斑病

彩图五　典型病虫害图片